代珂
著

満洲国のラジオ放送

論 創 社

はじめに

ラジオ放送はアメリカで一九二〇年十一月に登場すると、そのわずか五年後の一九二五年三月には、日本で最初のラジオ放送が行われた。音声で瞬時的な伝播力をもつラジオは、その当時、聴取者に容易に情報伝達を可能とする優れたメディアであった。インターネット、映像、音声、文字などさまざまな組織、機関やメディアが共存している現在では、ラジオはメディア形態の一つに過ぎないが、かつては時代の動きに大きな影響を与えたと言っても過言ではない。また、ラジオ時代とともに現れたさまざまな副産物が、現在でも残っている。そのなかで、日本でもっとも知られているのが、当時、ラジオ放送を運営していた、百年近い歴史をもつ日本放送協会であろう。

　ラジオ放送は長い歴史のなかで、貴重な経験や示唆を数多く私たちに残している。たとえば、現代メディアの基盤となっているラジオによる情報伝達モデル、放送コマーシャルの原型であるラジオ広告放送など、ラジオによって生まれた無形知的財産は数えきれない。社会的な役割や文化的なメディア形態としてのラジオの価値は、現在の情報伝達手段としてのラジオの価値を越えていると言える。メディア史、文化史などの分野でのラジオの足跡をたどり、埋没した史実を発掘し、再検討することは、ラジオ放送史研究の今日的意義があるだろう。本書は満洲国[1]のラジオ放送事業をテーマとしているが、その理解を深めるために、関連分野における先行研究を概観しておくことにする。

日本におけるラジオ放送と戦争との関連についての歴史的研究では、元放送関係者の竹山昭子による一連の研究がある。『戦争と放送 史料が語る戦時下情報操作とプロパガンダ』[2]を始め、『史料が語る太平洋戦争下の放送』[3]『太平洋戦争下　その時のラジオは』[4]などは、詳細な資料調査に基づき、日本における戦争と放送との関係を明らかにしている。特に太平洋戦争期にラジオというメディアが如何に機能していたかについて、放送と国策との関係、放送が民衆に与えた影響について分析と史料検証を通して解明している。これらは歴史研究のなかにおいて、ラジオ放送が日本で発揮したプロパガンダ機能についてのもっとも堅実な研究だといえる。

一方、アメリカ中央諜報局がアメリカ国立公文書館で公開したＯＳＳ（第二次世界大戦中のアメリカ戦略諜報局）の資料に基づき、アメリカによる第二次世界大戦期の対日本放送謀略戦争について論じた『ブラック・プロパガンダ：謀略のラジオ』[5]は、戦争におけるプロパガンダの展開に関する研究書である。アメリカ対日本という新しい視角から、ラジオが日本、そして戦争に与えた影響をまとめており、ラジオ放送の研究に新史料と新たな研究視点を提供した。

この流れのなかで、『ラジオの戦争責任』[6]は、ラジオ放送の歴史を再検討し、放送と戦争に着目している。高嶋米峰、松下幸之助、下村宏などの日本のラジオ放送と関係深かった五名の人物を取り上げ、戦中だけでなく、戦前にまで遡っている。民衆はなぜ戦争に巻き込まれたのかという問題意識から出発し、ラジオによる戦争のプロパガンダ機能は戦前から始まっていたとしている。

このほかにも、日本でのラジオに関する研究は、さまざまな学術分野で盛んになっているが、特に戦争期のラジオ放送は当時、これに匹敵するものがないほどプロパガンダ機能を発揮したからにほかならない。しかし、これ以外にもう一つ、重要な点がある。それは、当時の日本によるラジオ放送が及んだ空間が、日本に限らず、朝鮮、台湾などの植民地にも広がっていたという事実である。日本により設立された朝鮮中央放送局の開局から終戦までの流れを著した『ＪＯＤＫ消えたコールサイン』[7]のほか、日本占領期の朝鮮の二重放送に注目するSeo Jaekil（2010）、植民地における語学教育に尽力したラジオ放送に注目した「植民地朝鮮におけるラジオ『国語講座』一九四五年までを通時的に」[8]、朝鮮逓信局時代から終戦までの日本による朝鮮でのラジオ放送の歴史を紹介し、朝鮮のラジオ放送が当時の戦争に働きかけた機能を検討した「植民地朝鮮におけるラジオの役割」[9]、帝国日本の文化権力として表象されたラジオ放送の性格を日韓比較のなかで明らかにした「帝国日本におけるラジオ放送の日韓比較（植民地朝鮮と帝国日本　民族・都市・文化）」[10]などのラジオに関する研究が次々と現れている。また、植民地台湾時代のラジオに視点を置いた「植民地期台湾におけるラジオ放送の導入」[11]などもある。

こうした研究の流れのなかで、満洲国でのラジオ放送についても研究を深めていく必要があるだろう。満洲国に関する経済、社会学、文学、歴史学などの分野での研究は、すでにさまざまな成果を収めている。朝鮮、台湾と同じく、満洲国でもラジオが活用されていたが、「五族協和」をスローガンとした満洲国では、二重放送という多言語（主に日本語と中国語）を同時に放送するシステムが存在したことは、特筆すべきことである。

近年、ラジオ放送と満洲国の関わりからの研究が蓄積されつつある。満洲国のラジオを総合的に検討した最初の代表的な研究は、「満州における日本のラジオ戦略」[12]である。満洲国で発行された機関誌『宣撫月報』のラジオに関する記事に基づき、当時の普及政策を紹介・分析し、放送番組の編成、検閲問題およびプロパガンダ機能を期待した日本の満洲国でのラジオ戦略に着目している。この研究は、満洲国でのラジオ放送事業に対する注目を喚起したと言える。

これに続き、『戦争・ラジオ・記憶』[13]と『メディアのなかの「帝国」』[14]で川島真が担当執筆した満洲国のラジオに関する論述も、先行研究としての代表的なものである。『戦争・ラジオ・記憶』の第二部第一章「満洲国とラジオ」では、放送内容の構成、聴取者の獲得、ラジオによる宣伝と動員を中心に、満洲国におけるラジオ放送事業の形成から太平洋戦争までの経緯と番組・内容の構造・特徴を概観している。『メディアのなかの「帝国」』第六章「『帝国』とラジオ――満洲国において『政治を生活すること』」では、満洲国における太平洋戦争戦時体制下の、思想戦の武器及び政治文化を作り出すツールとしてのラジオ放送を紹介している。これらは満洲国におけるラジオ放送の構造的輪郭および政治的性格をイメージすることができる。ラジオによって、民族、階層、性別を越えた動員が可能になり、帝国の一体化、および移民の促進・維持に役立ったが、「満人」(当時、中国人に対する呼び方)への浸透には限界があったとも指摘している。

以上の先行研究は、総合的な視角から、満洲国におけるラジオ放送をメディアシステムとして、その全体的な構造、内容および機能について論じたものである。一方で、特定の分野に注目し、満洲国におけるラジオ放送を論じた研究もある。関東州の大連放送局と『満洲ラヂオ新聞』を二つの軸にし、音声メディアとしてのラジオと文字メディアとしての新聞の連携を検討する「声の勢力版図――『関東州』大連放送局と『満洲ラヂオ新聞』の連携[15]」は、その一つである。放送された内容と放送関係の記事を照合し、関東州におけるラジオ草創期の一側面を紹介し、日本人が主導した植民地放送の問題を論じている。

また、広告放送を中心として、放送広告業務の実態を解明し、事業成績を検討した研究もある。ここでは放送広告業務が放送事業の収益増には寄与せず、業務が形骸化していたことを指摘している。さらに、MTTの放送広告業務の経験を満洲国放送事業の経験に置換し、それが戦後日本の商業放送事業のプロトタイプではなく、人的資源のプールとして機能した可能性を指摘する「満洲国放送事業の展開　―放送広告業務を中心に―[16]」がある。

放送政策に対する検討を中心にした「満洲電信電話株式会社の多文化主義的放送政策[17]」は、多言語放送を実施したため、第一放送と第二放送という差異が、「国民統合」よりも「モザイク化」を推進したと満洲電々のラジオ放送政策の構造と展開を位置づけた。白戸の研究は、満洲国ラジオ放送の文化的機能を検討したものとして注目される。

他方、中国でも満洲国のラジオ放送に関心が示されている。中国のラジオ放送史を述べた『中国広播初軔史稿[18]』では、中国東北地域におけるラジオ放送事業の歴史について言及している。ほかに「偽満広播：強制灌輸植民思想[19]」、「偽満時期的東北電信[20]」などの研究があり、いずれも植民地における思想統制の道具としてのラジオの機能を強調したものである。

以上のように日本、植民地朝鮮、植民地台湾でのラジオ放送や満洲国のラジオ放送の研究が存在している。そして日本でのラジオ放送の研究では、戦時期に重点が置かれ、ラジオの戦時動員機能、民衆への戦時宣伝などに目が向けられており、植民地朝鮮や満洲国でのラジオ放送の研究も似た傾向を示している。これは戦時期、ラジオの最大の機能がプロパガンダの面であったことと大いに関係している。ただ、白戸健一郎のように、政治的な機能面からではなく、文化的機能に視点を置くことは、今後の研究方向の転換を暗示しているかもしれない。

しかし、これまでの研究では、満洲国でのラジオ放送の歴史的概況や実情、放送内容や番組構成、ラジオ放送が果たしたさまざまな機能およびその効果に関する研究が欠落しているようである。たとえば、放送内容を検証することで、ラジオ放送が満洲国の社会や文化に与えた影響に対する考察や分析は、まだほとんど行われていない。

メディアとしてのラジオを研究するには、当時の文化状況とラジオの関係を明らかにし、ラジオ放送の機能及び効果の検証が必要であろう。当時の放送内容は、主に娯楽放送、報道放送および教養放送という三つの大きな放送分類があり、それぞれに多民族統合、プロパガンダ、国民創出（アイデンティティコントロール）などの理念にかなう内容と政策が存在していたことは間違いない。

本書は、ラジオ放送事業が満洲国でどのように確立、展開されたのか、どのような機能を発揮したのか、を日中双方の資料や文献に基づき検討しようとするものである。さらに、ラジオ放送の参与者（放送側、聴取側、関係機関など）及び参与過程を検討することで、メディア研究の視角から発信者の一方的な行為とみられる満洲国ラジオ放送のメカニズムを明らかにしている。

ラジオ放送の研究にとって、実際に放送された音声などの一次資料は不可欠である。先行研究でも言及されているように、当時の放送録音盤は現在中国の吉林省档案館に保存されているが、諸事情によりそれらに対する調査がこれまで困難であった。しかし、筆者の粘り強い交渉の結果、現地での調査がようやく認められ、吉林省档案館所蔵の「録音盤目録」を手に入れることができた。それらの多くはニュース放送であることがはじめてわかった。さらに、二百項目以上のニュースタイトルのほか、数多いラジオ講演の録音、電々記者の現地調査の録音、対談のタイトルおよび内容紹介を把握することができた。これらはすべて新発掘の情報であり、本書で必要に応じて各章の論証材料として用いている。そのほか、当時の各新聞、雑誌、また録音盤目録に実況録音に関する記載が数多く存在している。これらの大部分は、タイトルと簡単な内容紹介にすぎないが、放送の内容構成に対する検討、特に報道放送に対する分析には貴重な資料だといえる。

また満洲国のラジオ放送の中には、当時の社会状況および文化状況を写実的に反映した内容も数多く残されている。祝日、祭日、重大事件およびスポーツ試合を題材とした実況放送や、子供を対象とした「子供の時間」などに現れる満洲国の姿は興味深い。音楽放送の一部である「満洲国原住民音楽」を通して、多民族国家を鮮明化しようとした満洲国の音楽放送。あるいは政治性を排除した娯楽として放送されたラジオドラマ、ラジオ小説などから窺える「満洲文化」はどのように位置付けられるのか。これらを明らかにすることで、歴史研究だけでなく、メディア、社会学、文化研究にも大きな意味を持つはずである。

最後に、現在中国では満洲国のラジオ放送に関する研究は少なく、あっても日本の植民地統治手段として位置付ける段階に留まっている。保存資料を最大限に利用し、満洲国における放送としてだけでなく、同時代の中国のラジオ放送と如何に連動していたのか、相互の影響を明らかにすることから満洲国のラジオ放送を再検討することも必要であろう。日本と中国と大いに関係する満洲国、そしてほとんど未開拓な領域である満洲国のラジオ放送に関する研究を通して、これからの日中文化交流に多少でも役立つことができるなら、筆者としても大きな喜びである。

「満洲国」のラジオ放送　目次

第一章　満洲国におけるラジオ放送事業の展開

ここでは、議論の前提として、満洲電信電話株式会社（以下電々と略す）が成立する以前のラジオ運営状況、電々が成立した後のラジオ放送運営状況を紹介する。そして、電々による放送施設の拡充、普及計画および普及成果を中心に、満洲国におけるラジオ放送の状況を概観する。時間軸にそって満洲国成立以前の中国東北部におけるラジオ放送事業、電々が成立するまでのラジオ放送事業、電々によるラジオ放送事業をまとめる。その上で、聴取者数の変化と対照し、電々の放送施設の拡充、ラジオ放送の普及活動の効果を考察し、満洲国のラジオ放送の事業運営上の全体像を明らかにする

1　中国東北部におけるラジオ放送事業の開始

満洲国のラジオ放送事業は、事業運営と放送内容に二分化してみることができる。事業運営は、放送局の建設や整備、受信機の開発や販売、聴取者の獲得などである。これに対し、電波に乗り放送される番組内容、およびそこに潜んでいる放送の理念は形がない。本論第一章では、まず事業運営に着目したい。その起源、発展、および普及の諸側面を明らかにし、その上で聴取者に対する検証を行う。

満洲国以前の中国東北地域でも、すでにラジオ放送は開始されていた。関東州の大連放送局のほか、中国側によって作られたハルビン放送局もあった。しかし、それらに関する資料は散逸したものが多く、検証作業に困難が伴う。ここでは、中国側が自力で放送局を建設する歴史事実と、当時の地方政府が東北地域において開始した放送事業の概容について簡単に整理しておく。

一九二二年のワシントン会議決議案により、各国が持つ中国での無線電話局の管理権を中国が回収することとなった。これをもって、東三省保安軍陸軍整理処が当時ハルビン南崗馬家溝にあるロシア所属の放送局を接収し、東三省無線電台（放送局）と改称した。一九二二年一一月三〇日、東三省陸軍整理処に東三省無線電台の管理権が移され、軍事用放送局となった。

その後、一九二六年までに、中国東北地域に、東三省無線電台以外にも、当時の東三省無線電台副台長の劉瀚[1]により東三省無線電台から機械を一部持ち出し、奉天、長春、チチハルにも無線電台が設置された。しかし、これらはニュースの伝達と民間用の無線電報のための実験用無線電施設に過ぎず、正式なラジオ放送局はまだ設立されていなかった。この実験レベルのラジオ放送に対しては、以下のような評価がある。

> 哈爾濱通訊　東北無線電哈爾濱分台　奉天との無線電連絡が完成した後、より使いやすくなったと評価を受け、利用者は日々増加している。昔は日本人四、五戸、中国人十五戸という数字であったが、現在は日本人も十数戸にのぼっている。両方とも増加する一方であり、将来百戸を突破することが可能である。この放送局の調査により、哈爾濱に在住する外国人のうち、受信機を設置することができる者は、少なくとも百五十戸以上であることが分かった。ゆえに、今年の八月に南崗において受信局を増設し、その普及を図る。在住日本人によると、この計画が完成すれば、日本内地の大都市とほぼ同じレベルになるので、今後の廣播無線電は必ず大いに発展するはずである。また、フランスから新しい発信機を運んできたので、現在実験してい

るところである。これが完成したら、すぐに実験放送展示会を開催する予定である[2]。

一九二六年八月、実験放送による成果を挙げるため、劉瀚はハルビン市南崗転角楼の中に放送接取機械を置き、四日間の実験放送展示会を行った。展示会には政界、軍部の上層部以外に、各国領事館の領事も呼ばれた。放送内容は講演、京劇、レコードなどであった。展示会が成功した後、同年九月二二日、ハルビン道里外国八道街一八号にハルビン無線電放送局とハルビン無線電放送局事務所が設立された[3]。

この時期の中国東北の放送事業の発展に、劉瀚という人物は大いに貢献をした。一九一三年、無線電の専門的人材を育てるために、民国政府によって交通伝習所が設立された。劉瀚はそこの一期生として学んだ。交通部によって運営されたこの伝習所は、中国の郵政および電信の専門的知識を教習する唯一の学校であった。劉瀚はそこで無線電に関する知識、技術を身につけただけではなく、さまざまな無線電に関係する人物と出会った。上海、北京の無線電局などで働いていた彼は、最後に無線電話業務の開発を図る陸軍部が設立した陸軍部無線電教練所に教員として配属された。彼の指導を受け、その教練所から卒業した学生として、後に張学良の通信団団長を務めた、東北交通委員会電政監督蒋斌を始め、東北無線電局長馬庭来など数多くいた。そして、彼は陸軍部に直属していたため、奉系張作霖軍のところに派遣され、張作霖のもとで無線電通信作業を担当した経験もあった。こうして奉系軍閥と関わっていた彼は、張作霖が南満鉄道沿線の日本電報通信網と対抗し、独自の無線電通信事業を開発しようとした時に呼ばれ、中国東北地域の無線電放送事業との関係を深めた。当時の無線電事業を開発するために設立した陸軍整理処工務処に誘われた彼は、伝習所時代の同期や後輩も数多くいたため、自由に才能を発揮することができた。奉天とハルビンを中心とした無線電通信事業の開発を任された彼は、前述の実験放送のほか、外国系の放送施設の整理と回収作業も行った。

そのために、ハルビン無線電局副局長であった劉瀚は、東北無線長距離電話監督処（北洋政府に所属）を通して、「放送無線電條例」を公布した。全文は次の如く九ヶ条からなっている。

第一條　東北無線長距離電話監督処ハ文化ヲ普及シ商情ヲ通報スル為東三省内相当地点ヲ択ヒ放送局ヲ設ケ無線放送事業ヲ取扱フ

第二條　放送局ハ毎日規定時間ニ於テ無線ヲ以テ新聞、商情、音楽、歌曲、講演等ヲ放送シ公衆ノ聴取ニ供ス其ノ詳細ノ取扱方ハ同局ニテ別ニ之ヲ定ム

第三條　放送局放送ノ新聞、商情、音楽、歌曲、講演等ハ東三省内ノ居住者ハ何レモ聴取器ヲ装置シ之ヲ聴取スルコトヲ得但シ東北無線長距離電話監督処所定ノ聴取器設置規定ヲ絶対ニ遵守スベシ

第四條　東三省内所要ノ聴取器及附属品並零細品等ハ内外商店ヲ問ワズ何レモ運輸発売スルコトヲ得但シ東北無線長距離電話監督処所定ノ聴取器具運搬発売規則ヲ絶対ニ遵守スベシ

第五條　放送無線聴取器及附属品並零細品等ノ東三省内輸入ハ各港荷揚ノ際運搬ノ商店ハ規定ノ輸入許可証ヲ提示スルノ外東北無線長距離電話監督処出張員ノ検査ヲ受クベシ其ノ詳細ノ

取扱方ハ別ニ之ヲ定ム

第六條　何人ヲ問ワズ東三省内ニ密輸又ハ密売シ或ハ何種ノ無線器具ヲ論ゼズ之ヲ私設シ放送事業を営ムコトヲ得ズ若シ違反シタル者ハ其ノ機器全部ヲ没収スルノ外現大洋二千元以上一万元以下ノ罰金ニ処ス但シ我陸海軍機関ノ無線機器ニシテ軍事通信専用又ハ特別事情アル者ハ鎮威上将軍公署ニ申請許可ヲ受ケタルモノハ此ノ限ニアラズ

第七條　私人又ハ団体ニ於テ東北無線放送局ニテ公衆ヘ宣告又ハ講演セントスル者ハ先ヅ原稿ヲ該局ニ提示シ許可ヲ受ケ且相当ノ費用ヲ納付スベシ

第八條　放送局ハ長距離電話線ヲ使用シ他市ニ接続通報センスル時ハ該局ハ随時交渉ノ上処理スベシ

第九條　本條例ハ鎮威上将軍公署ニ提出シ得テ公布ノ日ヨリ施行ス若シ不備ノ点アル時ハ随時申請シ之ヲ改定スルコトヲ得(4)

同時に、「装設広播無線電聴取器規則」および「広播無線電聴取器販売規則」も合わせて発表されたので、中国東北における無線電放送事業の統一管理、そして、比較的に自由な試行環境を作り出した。

一九二六年一〇月一日、ハルビン放送局は出力一〇〇ワット、周波数一〇七キロサイクル、呼出符号をＸＯＨとし、中国人により経営される最初のラジオ放送を始めた。放送時間は毎日二時間とし、内容としては経済市況、ニュース、音楽、演芸などが主であった。一九二八年一月一日、放送電力を一キロワットに増強し、長官公署街に新庁舎が落成されるとともに、呼出符号をCOHBにし、本格的な放送を開始した。一方、奉天でも、東北無線長距離電話監督処の管轄下に商埠地馬路湾で一〇月に奉天放送局が設立され、出力二キロワット、COMKの呼出符号を使用して放送を開始した。また「放送無線電條例」に従い、東北における全ての放送施設が審査を受けることとなり、条例に違反していると見なされた放送施設が撤去された。これで当時の中国における初めて独自の放送条例に基づき、放送事業を運営、管理することとなった。

以上まとめたように、東北地方のラジオ放送は官営体制によって比較的早くから操業していた。このことから、当時の政府の他国に対する示威行為も多少見えてくる。プログラムの編成に関しても相当な努力を払い、奉天放送局がいち早くドイツのナウエン放送局と交信し、ハルビン放送局が国際都市の特性を活かし、露語・中国語の混淆放送といった斬新な放送形式を採用したため、聴取者数は奉天で八五〇名、ハルビンでは一二〇〇名に上った。しかし、放送網は経営に必要なラジオ受信機の普及政策および条件が揃わなかったため、後の中ソ紛争、満洲事変を経て、劉瀚を代表とした放送側が次第に放送事業を運営する力を失い、東北最初のラジオ放送事業は終焉を迎えた。

2　満洲電信電話株式会社が成立する前の放送事業

中国人によって奉天とハルビンに設置された放送局は、放送内容、そして聴取状況に関らず後の満洲における放送事業に対して大きな影響を及ぼした。満洲事変が勃発して日本軍が東北に入ったが、ラジオという「武器」は無視できず、すぐに放送の統制を始めた。その最初の拠点となったのはハルビン放送局と奉天放送局であった。後に満洲国の「国都」となった新京に設置された新京放送局とともに、関東州の大連放送局も含め、奉天放送局とハルビン放送局は満洲電信電話株式会社の運営下で「四大中央放送局」とされ、満洲国における放送事業を支える柱となった。この節においては、満洲事変後から雨々が成立する前まで混乱していた時期における満洲の放送施設の変遷に視点を置き、これらが如何に日本内地放送と連携し、最初の放送網の形態にまで成長したのかを整理し、明確にしたい。

一九三一年一〇月、東三省政府が瓦解すると、関東軍は早くも奉天放送局を接収管理し、軍事宣伝放送を開始した。しかし、事態が落ち着いた後でラジオ放送として求められたのは、宣伝より慰安であった。放送設備も番組編成も完成していなかった奉天放送局にとって、日本内地放送を導入することとしか考えられなかったのである。一九三二年、「懸案となっている日満間短波長連絡放送が六月一四日に許可された。連絡放送は逓信省検見川送信所、岩槻受信所および奉天送受信所を経由して東京中央放送局と奉天放送局の間に行われるもので、連絡放送時間は内地からは七時のニュースより九時半まで、奉天からは九時半より一〇時まで」としていた(5)。

放送内容に関しては、住民の多様性を意識し、二部放送に分けて編集した。第一部は中国人、朝鮮人、その他の外国人向けであり、第二部は在満日本軍および在留日本人向けとして混淆放送を行うとともに、連絡放送も使い、満洲向けの慰安放送と内地向けの「満洲事情の正鵠なる認識を行うべく編成されたもの(6)」であった。

一方、ハルビン放送局は事変後、一時放送停止となったが、一九三二年二月に日本軍のハルビン占領によりハルビン電政管理局が設立され、ハルビンにおける放送事業を管理することとなった。呼出符号をMOHBへ変更し、従来の露語と中国語の放送に日本語放送を加えた。貧弱だった放送内容を強化するため、日、満、露の各語学講座以外に、地方と国のニュース情報を加え、その上にレコード、講演、演芸の生放送などを入れるように努力した。

当時の放送内容は奉天を主力とし、次頁表の「放送時刻別放送事項」の通りであった。日本からの中継を主たる内容にしたとはいえ、二部放送と、多民族向けという満洲における放送の特徴がはっきり見えてくる。やや複雑に見えるが、日本人・中国人およびその他という分け方で、それぞれに情報伝達・宣伝用のニュースと、慰安娯楽のための音楽、演芸などを放送する方針であった。朝六時三〇分から中国人、朝鮮人向けに放送された「時事解説」は、現下の政治、政策の動向を民衆に知らせるという教化宣撫的な使命を担い、日本語・中国語の「語学講座」も初めてその姿を現した。この表から見た多民族、多言語を前提にし、報道、教養、慰安を目的とする放送枠組みは、満洲国の放送事業において終始貫かれていたと言っても過言ではない。

放送時刻別放送事項(7)

時刻／項目	注意	種類	種目
コ四、〇〇—コ五、二〇		第一部（満人向）	レコード、市況、演説、演芸、気象、ニュース
コ五、二〇—コ五、三〇		第二部（鮮人向）	鮮語ニュース
コ五、三〇—コ六、〇〇		第一、第二部	語学講座（日本語火木土　中国語月水金）
コ六、〇〇—コ六、三〇	月曜ハ鮮人向トス	第二部	ニュース（入中）プロ予告
コ六、三〇—コ七、〇〇		第一部（満鮮人向）	時事解説
コ七、〇〇—コ八、二九		第二部	演芸、音楽、講演（入中）
コ八、二九—コ八、三〇		第二部	時報（入中）
コ八、三〇—コ八、四七	日、月、水、金	第二部	ニュース（入中）
コ八、四七—コ九、〇〇		第二部	ニュース（某所発表、電通聯合提供）
コ九、〇〇—コ九、二〇	日、月、水、金	第一部（露人向）	露語ニュース、レコード
コ九、二〇—コ一〇、〇〇		第二部	演芸、音楽、講演、レコード
コ八、三一—コ八、四五	火、木、土	第二部	日満間連絡中継放送
コ八、四五—コ九、〇〇		第二部	ニュース（某所発表、電通聯合提供）
コ九、〇〇—コ九、二〇		第一部（英、米人向）	英語ニュース、レコード
コ九、二〇—コ一〇、〇〇		第二部	演芸、音楽、講演、レコード

これで日本により運営される満洲における放送事業は最初の形が整えられた。すなわち「対外、対内に亘って行われた放送を通じ、民衆の宣撫、内外人の事変に対する正確なる認識の把握、皇軍将兵に対する慰問等[8]」のため、ラジオ放送が「宣撫、慰安」の使命を担い始めたのである。

ところで、日本によって満洲地域で運営された放送事業は奉天、ハルビンのものだけではなかった。一九二六年、ハルビンの実験放送よりやや早い時期に、関東州の空にも電波が飛んでいた。それは関東逓信局管理下の大連実験放送局からであった。一九二五年七月、大連市外西山屯大連無線電信局沙河口受信所に放送所を、大連中央電話局内に演奏所をそれぞれ設け、ＪＱＡＫの呼出符号、放送電力五〇〇ワット、周波数六四五キロサイクルで実験放送を始めた。一般のニュース、音楽、講演、気象、警報等のほか、娯楽、教養ならびに公益的な放送などを主たる内容とし、それとともに、中国語講座、関東州に居住している中国人のための中国劇および音楽などの慰安放送も行った。

大連実験放送局が関東州にあることは、それだけで十分意義のあることであった。関東州における宣撫、慰安以外に、大連は比較的安定した状況下に置かれ、満洲事変の際に奉天、ハルビンは全て一時放送不能の状態となったが、大連実験放送局だけは「事変の真意義の宣明のため果たした赫々たる業績[9]」があった。大連では早くも一九三一年六月に短波で内地中継を始めたが、技術や設備などの不備のため、この中継は実際には電波の情況があまりにも悪く、「十月頃より四月一杯程度の期間より中継することができず[10]」という状態であった。この問題を解決するため、朝鮮放送協会京城放送局も利用することになった。一九三三年四月二〇日に京城放送局（ＪＯＤＫ）の出力一〇キロワット放送を開始し、大連でそれをキャッチして再中継することとした。「更に、大連、奉天両放送局も結んで満蒙事情その他満洲に関する放送を京城中継で内地に送り、奉天、大連と京城と内地各放送局との完全なるリレーによって日満放送連絡の実績をあげるように努めること」となり、「当分の内昼間のスポーツ放送は日曜、祭日その他の特殊な場合を除いて、夜間の演芸放送は毎夜確実に行われる筈[11]」という計画であった。内地からの電波が朝鮮の京城を経由し大連に到達するというやや複雑なルートであるが、電波不良の改善を行ない、日満中継放送網の進化した形ともなった。

奉天、ハルビン、大連に続き、満洲国における放送網を完備させるため、満洲国の首都となる新京の放送強化が行われたのは言うまでもない。一九三二年一〇月、軍司令部の新京移転に伴い、新京南広場新京電話局内に演奏所が新設され、放送を開始した。また、翌年の一九三三年三月に日本放送協会が大阪放送局で使用する出力一キロワットの放送設備を新京に送った[12]。これに応じ、商埠地東三馬路湾にある元東北無線長春電台[13]を改修して新京放送局をここに置き、呼出符号をMTAYにし、四月一六日に放送を開始した。その後、新京放送局は中央放送局に昇格し、五月一日から新京放送局を中心に奉天、ハルビン両放送局ともに統制下に置くこととした。五月一八日には協議の結果、以下のことが決定された。

（一）奉天放送局は毎週金曜日午後五時より五時半の放送時間を除いて、すべて新京中央放送局の中継放送を行なう。

（二）奉天での自発的放送は毎週金曜日午後五時より五時半までの三十分間とし、この間の放送については奉天協和会、地方事務局の自由選定に委ねる。(14)

新京中央放送局の誕生により、満洲における初期の放送事業はようやく発展の一段階に達したと言える。新京の下に奉天、ハルビンを置き、中継放送をもって満洲国放送網の最初の形態が定着した。さらに、関東州にある大連放送局により、京城経由で日本との連絡中継放送をもって満洲放送と日本放送が結ばれた。これで放送によって満洲国の中国人に対する教化・宣撫、日本人に対する慰安という当時の情勢に一応適合させることができた。ただ、当時の満洲国でラジオ放送を運営することは容易ではなかった。一九三二年一〇月一三日の『満洲日報』には当時、日本放送協会の専務理事である小森七郎の新京にラジオ放送局を新設することに対する発言が掲載されているが、その事情を裏付けている。

満洲国政府では来春新京に国立の放送局を設立すべく計画しているやうであるが、実際の問題は種々困難な問題が起こる。さし当たっては近く奉天にある放送所を新京に移転し現在の機械をそのまま利用することと思ふが、奉天のラジオセットは僅か二キロのものであるから、追つけ取換えねばなるまいがそれには相当多額な費用がかかる。それに折角放送設備を完備しても受信者が少なければ、その効果は小い訳けで、ここ迄の解決をどうするか問題である。日本放送局では目下非常な犠牲を払って満洲国への中継放送を行っているが、新京に放送局が新設の暁は日本からの放送は特殊のもの以外取りやめになることと思ふ。新京にできる放送局は満洲国直営のもので日本放送協会は別に経営方面には関係せない。この協会は洋人であるから外国で事業を起こすことはせない。

ここでの問題はいわゆる事業運営の管理権であった。日本軍により奉天、ハルビン放送局が管理されたが、そのあとで新設となる新京放送局も、もちろん日本軍の管理下にありながら、同時に満洲国に所属する中央放送局でもあった。それに対し、大連放送局は関東逓信局の一部となり、その上、日本内地中継放送は日本放送協会の管理となっていった。このように、それぞれの放送局の管理体制は複雑なものであった。更に、当時の放送局の増設、整備などについては、全てを日本放送協会に頼るしかなかった。こういった情況の下で先ほど挙げた新京を中心とする統制計画がどこまで実行できたかは容易に想像できる。新京放送局は中央放送局と言われながらも僅か一キロワットの出力しかなく、京城放送局までも使い、大連経由で内地放送を中継したことも分からなくはない。小森七郎の発言によると、日本放送協会は、「理屈の上」では満洲国におけるラジオ放送事業の運営に直接の関係は持たないことになる。つまり、事業拡大のために、まず管理面の問題を解決し、それを統一化する必要があった。満洲国は「国家」でありながらこのような混乱状態を来している管理状況を抱えており、それがそのまま認められるようなものでないことは言うまでもないだろう。この情勢を踏まえて、次節では、満洲電信電話株式会社による放送事業を論じてみたい。

3　満洲電信電話株式会社によるラジオ放送事業

(1)　全満放送施設の拡充

満洲における放送事業は「言う迄も無く大陸政策の一翼を担当し、放送部門を通じて其の成果を完からしめんとするもの」[15]であるが、如何に前述の混乱状態を処理し、ラジオ放送を国策に合わせて統制するかが問題になる。それを解決するために、日満合弁の満洲電信電話株式会社が誕生した。

一九三三年六月三日、大連郵便局の二階に創立事務所を設け、電々の創立を計画した。八月三一日に創立総会を開き、会社に関しては、関東軍と満洲鉄道株式会社から完全に独立させ、「満洲電信電話株式会社定款案」[16]をもって「関東州、南満洲鉄道附属地及満洲国の行政権の下に在る地域に於いて電信、電話、無線電信、無線電話、放送無線電話その他の電気通信事業を経営するを以って目的」とした。資本金は五千万円（日本円）、重役は取締役五名、監査役三名で、従業員は日本人二千名、満洲国人千五百名からなる日満合弁会社とすることを決めた。同時に重役担当を決定し、「取締役は陸軍中将山内静夫、三多、陸軍少将井上正彦、東京逓信局局長前田直造、西田猪之輔、監査役には西山左内、範培忠、八木聞一、さらに総裁に山内静夫、副総裁に三多が就任する」[17]こととなった。

これにより満洲国のラジオ放送に対する錯綜した統制の情況が改められ、電々による一元的な放送統制が始まった。日満合弁とはいえ、国策会社である以上、重役層に対する軍部の指導、すなわち国家統制を受けることが明らかに見えてくる。会社を創立する前の関東軍、逓信局、日本放送協会などが入り乱れ、極めて運営が難しかった情況と比べると、電々という満洲国の国策会社が放送事業を営むことにより、形式面、統制面において簡潔化が進んだ。これは電々が成立した一つの要因であるが、では電々が担ったいわゆる満洲における放送事業の使命は一体どういうものであったのだろうか。

今日及明日の放送事業の使命はより良き放送内容をより簡易な受信設備で出来るだけ多数の聴取者に聴かせることに在る。より良き放送内容とは国家的に国民意識を統制すべき報道、宣伝であり又国家的に文化意識を向上せしむべき教養、慰安でなければならない。その意味に於て放送事業の経営に益々国家的権力が加わって行きつつある世界的動向は満洲に於ても今後愈々強化されるであろう(18)。

国民意識を統一し、「満洲」という国家の文化を向上させるため、放送事業における国家統制が設立後の目的となったわけであるが、そのために、まず電々は放送の普及を使命としていたことがこの文面から読み取れる。放送普及というのは設立以後の電々の一大課題としてずっと存在し続けていたが、成立したばかりの電々にとって一番厄介な問題は、放送施設の不備であった。電々が放送事業を継承した時、新京（一キロワット）、ハルビン（一キロワット）、奉天（一キロワット）と大連（五〇〇ワット）の合計出力三五〇〇ワットが、満洲国における放送施設の全てであった。この数値は、国民性の統一、国民の文化向上を目標とした全満放送網の構築と遥かに距離があった。大連を主とする内地中継もまた全満を覆うものではなかった。電波の不足を改善し、「中央文化の全満的普及および中央政治の地方浸透[19]」を実現させるため、電々はまずハルビン放送局を出力三キロワットまで増幅し、次いで、新京における一〇〇キロワット放送施設の建設案を持ち出した。「資金百万円を以って、新京郊外の寛城子に放送機、電力設備、調整設備、演奏設備などを装置、更に空中線以外に、新京放送局演奏所と寛城子送信所との間には特殊連絡用ケーブル線を増設するなど着々と工事を進めながら、新京大同広場にある放送局の中にスタジオ五つを設け[20]」、東洋一と称する新京一〇〇キロワット放送施設を建設することとなった。一九三四年一〇月、放送準備が整い、正式放送を行う直前に日本内地各放送局を対象にし、公式試験放送を実施した。「BK千里山放送局では三球式エリミネータ受信機で第一放送と大差なく受信しました。京都では夜間三球受信機で何らの雑音もなく満洲の声を聞くことが出来ましたし、徳島では一球再生式で受信し、夜間は鉱石受信機でも明瞭に聴取出来[21]」という結果であった。

新京の大規模放送施設は満洲国にとって重大な意味があった。これにより放送事業の最大の特徴であった「二重放送」、つまり全満に電波を飛ばせる新京一〇〇キロワット放送を第一放送・日本語にし、各地方放送局は第二放送・中国語およびその他の放送にすることが実施された。後に電々が大いに力を尽くした二重放送やラジオ普及などは全てこれに基づいたものとなる。当時、南京の七五キロワット放送局、そして満洲国と接しているソ連からも強力な放送があった。建国精神と国民性を統一することを急務としている満洲国に対し、これらの放送は邪魔な存在であった。ゆえに、このような電波の干渉を「自身の強力なる大電力放送に依り自国電波を防衛する」[22]ことを目的とする広範囲の第二言語による放送が必要となった。この全満放送網を完成するために、奉天でも三十万円を投じ、新しく放送局を新築するとともに最新式の放送施設、機械の充実を図り、出力を二五キロワットまでに増幅した。

一方、内地放送の電波をキャッチすることを主な使命とした大連でも、新京一〇〇キロワット放送開始の翌年に、放送局を聖徳公園東北側の新局舎に移転し、「真空管数三十五個という超優秀ニダイバシチー受信機で空中線および受信機二組より出来ているので雑音も完全に除去され国際放送なども直接受信できる」[23]ように電波を受信する機能を強化した。同時に発信機出力を一キロワットに強化した上、新局舎の場所は無線電波妨害削減の面において厳選したので、放送出力は従来の一キロワットの機械より五倍の出力となったと言われている。[24]

このように新京を始め、奉天、ハルビン、大連を中心とし、各地における放送施設の強化が行われた。電々による全満放送網の最初の形態として、一九三四年に「七月には新京とハルビン間、一一月には大連と奉天間、奉天と新京間の放送用搬送式電話線の完成を見、全満中継網完備の第一段階が建設された[25]」。他に一九三七年六月に牡丹江、一〇月に安東にも放送局を置き、「一二月には安東奉天間の無装荷ケーブル、ハルビン牡丹江間の有線中継」も完成するに至った。更に、後の一九三九年に新京で強力な短波無線中継装置が完成したことに伴い、地方に対する無線中継放送も開始された。新京を中心とした奉天、ハルビン、大連間の有線中継、そして地方放送局に対する無線中継という全満放送網の構造がこれで整ったわけである。

一九三七年に満洲国産業五ヶ年計画に併行し電々からも放送施設五ヶ年計画を作り、その翌年にまた放送事業の全面的拡充強化の完成を期することを第一期として修正計画が打ち立てられた。その基本方針は次の如くである。

①電波の増強を計り、全満主要地域を完全に放送聴取圏内に置くこと
②日満両語の専用放送を行うことを原則とし、放送局の新設及二重放送化を計ること
③侵犯電波の防衛方法を講ずること
④人口稠密な中央地域の電力増強等(26)

全満における放送圏および電波強化という目的を達成するため、電々によって各地における放送局を新設することは、ほぼ満洲国の終焉まで続いていた。一九四五年までに前述の新京、奉天、ハルビン、大連、牡丹江、安東以外にも、承徳（一九三七年七月二一日）、チチハル（一九三八年四月一日）、間島（一九三八年四月一日）、佳木斯（一九三八年四月一日）、黒河（一九三八年一一月二〇日）、ハイラル（一九三八年一二月二四日）、営口（一九三九年二月一〇日）、錦県（一九三九年四月一四日）、富錦（一九三九年一〇月一日）、通化（一九四〇年一一月二〇日）、北安（一九四一年二月一日）、東安（一九四二年三月二八日）、孫呉（一九四三年一一月一日）、赤峰（一九四三年一二月一日）、鞍山（一九四四年九月一日）、撫順（一九四四年九月一日）、本渓湖（一九四四年九月一日）、吉林（一九四五年一月二五日）、興安（一九四五年六月一日）、阜新（一九四五年七月一五日）といった放送局が新たに設立さ

れた。[27]計二六箇所であり、後にほぼ全部が第一放送局（日本語）と第二放送局（中国語その他）に分けて増設されたため、放送局数で言えば、約六〇という膨大な規模となった。

地理的位置から見ると、新京、奉天、ハルビンを中心とし、国境に沿い、ほぼ完璧に放送局が分布していた。更に、国境都市を中心とした電波強化が行なわれ、中継用ラジオ塔も多数建設された。全満に電波を飛ばし、「声」による国民の統合、外敵への対抗という電々の戦略上の苦心が手に取るように見えてくる。このように広範囲にわたる放送局から発した満洲国の声には「民族協和」「日満一心」「東亜共栄」「戦時報国」など様々な内容が含まれていた。

しかし、これは日満合弁会社である満洲電信電話株式会社による満洲ラジオ放送戦略と使命の発端であり、ほんの一部分でしかなかった。発信の実力が備わっただけでは考えを伝えることはできない。もし電々を「満洲国民」を対象にする講演者に例えるならば、彼に必要なのは聞いてくれる相手であった。すなわち、ラジオ放送者にとって、聴取者が命である。しかし、満洲国は複雑な民族状況を有していたので、台湾、朝鮮のような当時日本が持っていた植民地と違い、日本と異民族の統一は難しい事業であった。ゆえに、全満放送網を築くこととともに、電々が背負ったもう一つの使命は、ラジオ聴取者を増やすこと、つまりラジオ放送を普及させることであった。これにもまた膨大な努力が払われたわけだが、次節で論ずることにしたい。

（2）ラジオ放送の普及活動

電々放送部長前田直造が放送事業に関して次のように語った。「国策的文化的使命の明確なる把握に依る確固たる方針のもとに幾多恵まれざる客観的諸条件を克服啓開しつつ、事業の統一的合目的運営に邁進し来った。高粱緑陰の下、電波の運ぶ妙律に佇み、恍惚今昔の感懐を深からしめ、王道協和を謳歌せしめんとせし先人の夢は既に現実の相となった」[28]。一九三九年に前田直造から見た放送事業は、すでに「夢」ではなく、「困難克服」、「事業統一」と誇るべきものであった。新京大電力放送建設の完備により、満洲国全域での放送網という事業統一はほぼその未来が見えてきたが、ラジオ放送の普及という難業について、電々は如何に克服したのであろうか。

前に述べた通り、ラジオ普及の一大難関は外来電波を阻止した上で聴取者を獲得することである。この問題を認識していた電々は根本のところから解決しようとした。一九三七年一月一日、満洲国では勅令を以って「電気通信法」、そして交通部による「放送聴取無線電話規則」が施行されることとなった[29]。「放送聴取無線電話規則」では次のように定められた。

第二条　放送聴取無線電話ヲ施設セントスル者ハ一施設毎ニ別記様式ニ依ル施設許可願書及別ニ布告スル放送聴取契約書ヲ差出シ所轄郵政管理局長ノ許可ヲ受クベシ関東州ニ於テ関東逓信官署逓信局長ノ許可ヲ得テ施設スル（後略）

第五条　放送聴取無線電話ノ受信機ハ左ノ各号ニ適合スルモノナルコトヲ要ス但シ所轄郵政管理局長ノ許可ヲ受ケタル場合ニ限リ第一号ニ依ラザルコトヲ得

一　周波数（波長）五百五十キロサイクル（五百四十五メートル）乃至千五百キロサイクル（二

百メートル）ノ範囲内又ハ百八十キロサイクル（千六百六十六メートル）ニ限リ受信シ得ルコト
二　空中線ヨリ電波ヲ発射セザルコト

第七条　放送聴取無線電話施設者ハ許可書ヲ機械装置場所ニ保管シ、受信機ヲ携帯使用スル時ハ必ズ之ヲ携行スベシ許可書ヲ亡失シタルトキハ許可番号又ハ機器装置場所ヲ記載シタル書面ヲ以テ直ニ其ノ再交付ヲ所轄郵政管理局長ニ願出ヅベシ(30)

そして「電気通信法」で次のように定められ、厳密に聴取統制を行なった：

第十五条　専用電気通信施設ハ左ニ掲グルモノニ限リ命令ノ定ムル所ニ依リ主管部大臣ノ指定シタルモノニ付テハ其ノ許可ヲ受クルコトヲ要セズ
無線電話ニ依ル放送事項聴取ノ為ニ使用スル目的ヲ以テ施設スルモノ

第四十五条　第一項略　不法ニ無線電信若ハ無線電話ヲ施設シタル者、不法ニ施設シタル無線電信若ハ無線電話ヲ使用シタル者ハ特許若ハ許可ノ効力消滅シタル後其ノ無線電信若ハ無線電話ヲ使用シタル者ハ一年以下ノ有期徒刑又ハ千圓以下ノ罰金ニ処ス

第四十六条　第一項略　第十五条規定ニ依リ施設シタル無線電信又ハ無線電話ヲ其ノ施設ノ

目的以外ニ使用シタル者ハ千圓以下ノ罰金ニ処ス[31]

これにより、ラジオ受信機の機能に制限が設けられ、これに反するものは巨額な罰金を課せられることとなった。その理由は非常に簡単であり、ソ連や南京などから来た電波を受信することを阻む、つまり満洲国に入ってくる厄介な声を防ぐためであった。なお、各ラジオ販売商により輸入、販売されている受信機、そして電々が成立する前から入ってきていた機器は周波数にかかる制限がないため[32]、これらは「電気通信法」と「放送聴取無線電話」の施行とともに使用が禁止された。この状況に応じて電々は周波数が五五〇～一八〇キロサイクルに限定されている普及型、標準型ラジオおよび一般ラジオの開発と販売を宣言し、放送聴取に必要不可欠なラジオ受信機に対する統制を始めようとした。

（3）満洲ラジオ普及株式会社と電々型受信機

法律で定められた「公式」のラジオ受信機の普及は、「満洲ラジオ普及株式会社」（以下、普及会社と表記する）から始まったと考えられる。一九三四年に電々が成立した当初、満洲国でのラジオ受信機の販売は個人や会社などのラジオ商人によって行われていた。その販売商品のなかには日本から直輸入した一般品もあったが、それよりも「欧米製の四乃至七球のスーパーヘテロダイン方式の高級受信機[33]」が多かった。その理由をまとめると、まず当時ラジオの聴取者の中に日本人が多く、彼らにとっては満洲国の放送内容は十分ではなく、日本のニュースなり演芸放送の聴取を望んだことが挙げられる。そして、前で述べた関税減免に加え、欧米製のラジオ受信機も相対的に安くなり、聴取者の需要に合致したため、一時的に歓迎されたのである。しかし、それでも一台二〇〇円から四〇〇円する高額なものであり、特に中国人はほとんど購買不可能であった。新京一〇〇キロワット放送を完成し、全満放送網および日満中継網が着々と完備しつつあった状況下で、ラジオ聴取者の拡大を目的とし、受信機の統制および普及に目をつけて、「一九三六年一月、電々会社公認の下に満洲ラジオ普及株式会社が設立され、本社を奉天に置き、奉天、大連、ハルビン、新京、安東及東京に各々営業所乃至出張所を置き、ラジオ受信機及部品の販売、修理、相談、放送聴取料金の委託集金並に放送聴取許可手続の取次をその営業科目とした(34)」のである。

しかし、普及会社は成立してから一年も経たずして解散となった。その経緯に関する記述は『満洲放送年鑑』、『満洲電信電話株式会社十年史』などの資料で、簡単に「運営上の失敗」と短く記述されているだけで、先行研究でも触られていない。しかし、筆者は『満洲日日新聞』から発見した一連の記事をたどりながら、その理由を多少突き止めることができた。

一九三六年二月三日『満洲日日新聞』には、「『聴取券』をめぐって 三巴ラジオ騒動――普及会社、ラジオ商組合の紛争 放送局にまで飛火」と題する記事が掲載された。

ラジオ商組合が昨年末「ラジオ受信機年末特別売出」に際し、「一ヶ月間無料聴取券」を発行し、売り出し中に受信機購入者に景品として贈ったものであるが、この事実を最近に至り普及会社の集金員が発見し（中略）、普及会社では、大連放送局後援の下に満洲電々会社大連管理局発行にかかるラジオ無料聴取券が本物の売出景品として認められているに拘らず、仮令これが仮券といへど放送局および会社側の諒解を得ず全く組合単独で斯る券を発行することは不当である、この券は無効である、購買者に対して一種の欺瞞であると憤慨（中略）。各加盟商店では組合発行券が全部無効として認められぬ場合は顧客の信用は勿論種々物議を醸す惧れありというので一日各組合員が集合協議したが普及会社が意外に強硬的態度である為取つく島がなく成行を傍観することとなったが組合対普及会社は依然対立のまま解決を見ず紛争を続けている。

なほこの問題に関しその態度を注目されていた放送局では、組合発行の券は会社発行にかかる聴取券の引替券と認めるとの見解から組合の行為を是認するに至ったので今度は普及会社と放送局との間に面白からぬ空気を醸成するに至り目下のところ「聴取券」をめぐって三巴の紛争と化し満洲ラジオ界の注目を惹いている。

組合から発行された「無料聴取券」に対し、普及会社は偽物だと言い、放送局は引替券であるとそれぞれ主張して、三つ巴の紛争となったが、事実上、引替券として認められたからには、普及会社対ラジオ商・放送局の紛争だとみなしても良いであろう。なお、一九三六年二月六日に掲載された事件の継続報道には、まず電々株式会社大連管理局による調査結果があげられた。

ラジオ商組合加盟の一商店員の手続漏れから端なくも問題が紛糾したことが判明、管理局ではラジオ商組合が仮券を発行せるその事は何等不都合なきを認定、手続漏れの顧客に対しては早速無料聴取券を発行交付して問題を解決した。

次に「大連管理局談」、「ラジオ商組合の弁」をそれぞれ追加している。

大連管理局談：ラジオ商組合が無料聴取券の仮券を発行したのは本券が行くまでの単なるサービスに過ぎませんからそのことには別に不都合はありません。ただ無料聴取券は歳末売出し期間中に……仮券を出すと同時に直に届出れば放送局の帳簿に無料の印をつけ集金には行かぬことにしていたのです。然るに偶々その手続がなかったので普及会社の集金人が本券の見本と間違い仮券に疑問を生じ、これが問題となって紛糾したわけです。

ラジオ商組合の弁：ラジオ商組合が仮券を発行したことは決して普及会社が言うが如く当局の諒解を得ず勝手に発行したものではない……只変な対立意識から問題にする程の事でもないものに強ひて尾鰭をつけて問題にし悪宣伝をなす者があったので問題が紛糾したのです。

「聴取券」問題をめぐり、普及会社、ラジオ商組合、大連放送局および電々大連管理局という四つの関係者が登場した。大連署司法係にラジオ商組合が泣きついて調停、調査を要請した結果、どう見てもこの戦いは普及会社の負けとなったのであろう。ラジオ商を敵にし、普及会社においてはラジオ売買修理、聴取許可および料金収集が主な業務内容となった。しかし、ラジオ販売以外の全ての業務内容は、電々に直属する大連放送局と重なっている。さらに、「電々公認の下」とはいえ、普及会社は電々との関係が「業務委託」であり、独立していた。ラジオ商に歓迎された欧米型高級受信機のかわりに、価格上で優勢でもない「日本国産の三乃至四球程度の実用受信機を多数満洲国内に供給」[35]しようとした普及会社は、結局この三つ巴紛争から見ると、様々な関係者から支持を得ることなく、孤立していた。「無料聴取券」をめぐるドタバタ劇が幕を閉じて間もなく、満洲ラジオ普及会社も解散となり、ラジオ受信機普及に対する最初の試みも失敗に終わったのである。

普及会社の失敗を見て、電々は一般社会の要望に応じ、低価格受信機の直売開始を決めた。その第一弾として、一九三六年七月に鉄板製の外函を有する満洲国独自の受信機を開発し、電々普及一号、二号、標準一号、二号と名称を附した。四〇円から一六円に至る価格[36]で売り出された、いわゆる電々型受信機の誕生であった。勿論これらの受信機は聴取周波数が前述の「電気通信法」に則したものであった。これはやはり購買力の弱い中国人に大いに歓迎され、成功を収めた。それから電々は受信機の開発を続け、各型各号の受信機が製造された。販売された順序は次のようであった。[37]

一九三六年　普及一号、普及二号、普及三号、標準一号、標準二号、標準三号
一九三七年　普及四号、普及五号、標準四号、スーパー五型（甲・乙）、電池式一号
一九三八年　国民三号

一九三九年　普及六号、普及七号、普及八号、普及九号、国民一号、標準五号、標準六号、標準七号、標準八号
一九四〇年　電池式二号

五年間にわたり二三種類の電々型受信機を開発し販売したこの状況から見ると、電々の受信機普及政策は大成功を収めたと言えるだろう。しかし、これだけデザインも機能も部品も多岐にわたる機種を揃えていると、その維持サービスも煩雑であり、大変な作業となった。さらに日中戦争が勃発してから資源に対する制限も日々状況が厳しくなり、このように多種類の受信機を大量に生産、継続させるのは国情に合わないため、一九四〇年末、電々型受信機の全般的改革が断行されることになり、用品種類の単純化、主要部品の寸法統一、受信機種の整理といった改革が行われた。その結果として、一九四〇年末に電々型受信機は普及十一号、十二号、標準十一号、十二号、優級十一号、十二号と種類が簡素化された。さらに、戦況の深刻化に伴い、日本の兵站基地であった満洲国でも、物資の節減が要求された。電々型受信機の場合は、資材減少のために部品の材料選定と合理的利用を目的とした新規格を設計し、一九四二年末に普及二十一号、二十二号、標準二十一号、二十二号に統合することとなった。

受信機の自主開発および販売は電々および満洲国の放送事業の意義が重大であったことを示している。高額であれば買えないというラジオ普及にとってのネックが改められ、満洲国のラジオ聴取者数は年々大幅に増えていった。それ以降、国策に合わせ作られた電々型受信機の誕生により電波

年度別受信機販売実績(38)

管内／年度	大連	奉天	新京	ハルビン	牡丹江	チチハル	承徳	計
1936年	1,894	2,528	2,233	866	—	158	130	6,809
1937年	8,386	12,906	12,933	7,194	—	3,285	1,214	45,918
1938年	8,795	16,187	11,975	6,226	3,258	4,456	931	51,828
1939年	14,136	36,011	25,051	10,822	6,423	6,811	2,626	101,880
1940年	12,430	56,062	30,275	20,969	8,424	9,444	2,493	140,097
1941年	13,904	59,042	25,554	22,037	12,941	9,849	2,529	145,856
1942年	5,972	32,316	13,003	9,097	5,273	3,972	955	71,590
合　計	65,517	215,052	121,024	77,213	36,319	37,975	10,878	563,978

防衛戦での国民に対する防護壁が設けられることとなった。特に中国人聴取者は、電々型受信機を主に使っていたため、いわゆる「デマ放送」を気にする放送側から見るとその心配がなくなった。こういった電々型受信機の誕生により、全満放送網の建設とともに、その電波を受信する受信機も電々の統制下におかれるようになった。より良い放送内容をより簡易な受信設備で出来るだけ多数の聴取者に聴かせるという電々の放送事業使命は、これでほぼその完成が見えてくる。一九三六年の電々受信機の誕生から一九四二年までに二回も設計を改められた受信機の販売数を見てみよう。

最初のわずか数千台という状況から一九四二年の五十六万台強に至るという飛躍的な販売業績である。なお、この表に現れた数字が、当時のラジオ聴取者の人数も反映していると思われる。一九四一年七月の『宣撫月報』の記事では、当時の聴取者数に関して以下のように書かれている。

大同二年満洲電々により開始以来、施設の充実と内容の整備に遂年めざましい進展の一路を辿り、現在放送局十七、聴取者（本年五月末現在関東州を含む）三十八万六千に達していよいよ年内に五十万突破（中略）最近では逆に満系聴取者の方が日系より多く昨年末の聴取者数三十四万六百のうち日系十五万五千三百、満系十七万三千五百（中略）七月の特別普及運動の結果を待ちさらに新方針を樹て是が非でも五十万突破の意気込である。(39)

記事の中で言及している「特別普及運動」および「普及新方針」とは、電々がラジオの普及徹底を図るため、全満で挙行した景品付き大売り出し戦略である。一九三八年の春季を特別普及運動の第一回とし、一九四一年六月まで春季、ならびに年末の年二回、計七回に亘り行った。なお、前述の資材難に伴い、一九四一年年末から、特別普及運動のかわりに新方針を立て、景品付きは電々直売のものに限定された。そして電々社外で購入する場合、一台に付き一枚の抽選券を交付し、後日電々により抽選会を開き、景品を送り出すという計画であった。(40)低価格の受信機と特別普及運動と合わせ、記事にある中国人へのラジオ受信機普及の飛躍がここではっきりと見て取れる。

（4）農村の聴取措置

前節で述べた状況から、満洲国におけるラジオの普及は好調であったように見えるが、実際はまだ完璧とは言えず、大きな問題も存在していたと言うべきである。『宣撫月報』に掲載された「農村ラジオ化に関する当面の諸問題」には次のような指摘が見られる。

ラジオに就いては、城内に近い村では知っている、聴いた事があると言いますが、少し遠い村になりますと、見た事が無い、聴いた事が無いというのが多く、これが、何処から放送されているか、何会社が経営しているか、何処で買えば良いか、に至っては、遠い近いに拘らず全然知らないのであります。(41)

この文章は農村でのラジオに対する認識を示すものであり、農村は完全に未開拓の状態であったことを物語っている。前述の普及運動は、ほぼ都市を中心としたものであった。しかし、満洲国において、新京、奉天のような大都市は少数であり、県、村などの地方や農村地域が国土の大部分を占めていた。特に、中国人に対する普及を強く意識していた電々にとって、それは無視できないところであった。ラジオに関する普及状況、そして、農村における普及状況については後に詳述するが、ここで同じ文章に示されている数字を見てみよう。

職業別国籍別放送聴取者統計表（1939年4月）

職業別 国籍別	合計	日本人		満洲人	外国人
		内地人	朝鮮人		
農業	1,301	380	84	777	60

電々型受信機が大成功を収め、聴取者二〇万を獲得したと言われる時期においても、農村における聴取者数はわずか一三〇一名であった。なお、中国人七七七名に対し、「職業は農業という事になっていても、土地は小作人に貸付け、自分はその小作料によって、居を都市に構えて、生活しているという、所謂、不在地主が、その農業七七七の中に大部分含まれていると思って……満洲の大

部分の面積を占有する農村、その農村の空を、放送満洲の声はむなしく流れ、大地に帰っている」と言われた[42]。その理由については次のようにまとめられている。

①農村の経済力問題
②電池式受信機の欠陥
③農村特有の性格

満洲国では農村での電気普及は難業であった。多くの地域は電灯線の利用ができないか、利用が厳しく制限される状態であった。そのため、電々型受信機は農村における普及が不可能であった。それに対し、一九三七年に早速、電々により電灯線に頼らなくても聴取ができる乾電池式受信機が開発された。さらに一九四〇年にそれを改良し、電池式二号が誕生したが、電池は六ヶ月しか使用できず、電池と受信機を含めて「七十圓乃至五十圓」[43]もする高価なものであり、その上、一年に一回も新聞を読まないと言われた農民からすれば、ラジオに対する要望どころか、僅かな収入を使いラジオを聴取する考えさえもなかったと思われる。満洲の農民が買えないだけではなく、この負担額では、「日系」にとっても事実、それは容易な事ではなかった。「一昨年ニ於テハ約三〇台ヲ販売シタルモ現在残在箇数ハ八台ナリ。修理方及電池購入方再三勧誘セルモ再加入希望者ハ三、四名ニ過ギズ」[44]という悲惨な状況であった。さらに、前述の通り、放送局の設置はほぼ都市を中心としたものであり、新京大電力放送であっても辺境地においては電波状況により聴取状態が悪い場合もあった。その上、特に国境地帯では、電々の電波だけではなく、他国電波の干渉もあった。放送局と電々は、いわゆる全満放送事業を進めるに当たり、こういった問題を解決しないといけなかった。このことに関連して、事業完備のための最後の手段であった「共同聴取施設」を紹介したい。「共同聴取施設というのは、放送局からの放送電波を受信する親受信機を設備し、この親受信機より有線を通じて、各聴取者宅に設備した拡声器に電波を配送する施設」である。[45] 侵入電波防止と聴取徹底というのが共同聴取の主な目的であるが、普及問題を意識して、共同聴取施設はいわゆる県や村などを中心として国境地帯や電波の弱い農村地域に一九三八年から正式に設置が始まった。具体的には次のような弘報処からの説明がある。

一定の責任者の所在地、これを仮に省、県、旗街村の弘報股又は情報股の如き処に優秀なる親受信機一台（中央より推選するRCA高級短長波の九球程度のもの価格五百圓より七百圓程度のもの）を常置し、夫れを中心として各聴取者の各戸に有線を以て連絡し、聴取者には受信機のラッパ（スピーカー）と同様な発声器（一台七圓程度）とこれを結合し放送時間中朝から放送終了まで親受信機より配送する方法にして聴取者側は不必要にして又は欲せざる放送内容時にはスウイチにて切断し、又一定の時間即政府公報又はニュースの如き放送には当局より命令を以て絶対的に聴取せしめる方法を共同聴取と称す。又一方に於いて集会所、街頭等に設置さるるラジオ塔へも有線にて連絡し広く一般にも聴取せしめ得る便をも有す。
（中略）

一、一定の放送をなるべく生活環境を共通にせる複数人員或は一箇村、一街等の人口が（満人、日人、ロシア人と区別されたるもの）

二、一定の指導者の統率下になるべく公用的地点に装備されたる受信機又はスピーカーを囲んで団体的に家族的に聴取する形態を言うのである

（中略）

満州に於ける実情に照らす時はその民族の生活様式に応じて

（一）慰安放送たる演芸を主とす

（二）ニュース、政府公報

（三）時事解説

（四）語学講座

（五）国民の時間（新設予定）

の如き内容を聴取せしめ情操教育と併行して常識の涵養に努むべきであろう。(46)

当時の共同聴取というのは、強制的な性格が強い。命令を以って聴取することにより、「国策ラジオ」を徹底させるという目的は一目瞭然である。勿論、農村という場所に主として設置された共同聴取施設は、日本人ではなく中国人を対象としたものであった。しかしながら、こういった設備的にも運営面でもかなり手数がかかる強制普及にはその限界があるということは容易に想像がつく。一九四一年までには「農安（加入者数一二〇名）、満洲里（加入者一〇〇名）、綏陽（加入者七二名）、

綏芬河（加入者八三名）、琿春（加入者一〇〇名）、黒河（加入者一〇〇名）」[47]という程度の業績しかあがらなかった。

満洲国におけるラジオ放送事業について、時系列に沿って中国東北地域に誕生した最初の放送局から、満洲国の成立を見た初期の状況、満洲電信電話株式会社により全満を覆う放送体制が完成するまでの成長、そして放送普及のための受信機の変遷、共同聴取施設の設置までを取り上げてまとめた。これらの状況から、まず、放送局から送られた電波の勢力範囲がそのまま「声」により統治された満洲国であったと指摘することができる。すなわち、新京一〇〇キロワット放送局を中心に、そのまわりに奉天放送局、ハルビン放送局、チチハル放送局を支えとし、さらに南部国境地帯には安東放送局および関東州の大連放送局、西部国境地帯には承徳放送局、赤峰放送局、北部国境地帯にはハイラル放送局、黒河放送局、東部国境地帯には牡丹江放送局、東安放送局があるように、電波上からも、満洲国の統制、防衛そして戦闘態勢がはっきり見えてくる。その上、受信機の普及、全満における聴取者獲得に力を注いだ電々の努力により、電波による満洲国の統治がいよいよ強化されていくようになった。

4　聴取者数からみる満洲国のラジオ放送事業

満洲国におけるラジオ聴取者数に関しては、「一九三三年、満洲電々創立当時が五千、それが一九四〇年には三十万人を突破、終戦当時には七十万となった」[48]と言われている。筆者の資料調査にも限界があり、終戦当時の聴取者に関する資料を入手することができなかったが、『満洲年鑑　昭和二〇年版』[49]による昭和一九年一月末「民族別地域別聴取者数」の調査結果を挙げてみる。

電々が放送事業を始めた一九三三年からの聴取者獲得状況である。[50]

一九三三年末　七、九九五
一九三四年末　一二、三八六
一九三五年末　一九、七六四（『宣撫月報』より補足）
一九三六年末　四一、二〇二
一九三七年末　八八、八七六
一九三八年末　一二七、四一七
一九三九年末　二二五、八八九（受信機普及により日系五二パーセント、満系四七パーセント）
一九四〇年末　三四〇、六四三（満系は日系を越え、その数は約二万と言う）
一九四一年末　四五四、六三五
一九四二年末　五〇〇、〇〇〇突破（日本人二二六、八五九、中国人二七〇、六八八）
一九四三年末　五四一、六四三
一九四四年　　五七〇、六九〇

民族別、地域別聴取者数（1944年1月）

地域別	大連管内	奉天管内	新京管内	ハルビン管内	牡丹江管内	チチハル管内	承徳管内	合計
日人	42,687	89,065	50,128	19,303	33,212	16,074	2,227	252,696
満人	27,707	147,434	55,443	42,797	13,668	19,067	5,979	312,095
其他	169	178	129	4,963	89	372	4	5904
合計	70,563	236,677	105,700	67,063	46,969	35,513	8,210	570,690

一九三九年に中国人聴取者数が激増した時点で、電々型受信機の普及が成功していることが分かる。なお、聴取者数に関する考察は常に民族の別を念頭に置かなければならないが、四千万以上の人口を有する満洲国では、聴取者数と総人口数との比率も無視することができない。この点に関しては、電々による普及事業が輝き始めた一九四〇年度の様々な調査結果を使い、探ることを試みる。

総数は多いように見えるが、百戸を単位にしてその平均値を見ると、一〇パーセントを超えたところは極少数であり、さらに、百戸に対し聴取施設を有する戸数はわずか五パーセントという数字は決して良い結果ではないであろう。そして、民族別に分けた聴取者数を検討すると次の結果となる。

日本内地人　一五五、二八五
中国人　一七三、五六六
朝鮮人　七、九五〇
其他外国人　三、八五二　計　三四〇、六四五

1940年度聴取者数州及省別表

州省別	居住戸数	聴取施設数	百世帯当普及率
関東州	214,376	48,322	23
奉天省	1,562,888	110,176	7
錦州省	712,796	12,137	2
安東省	332,463	11,370	3
通化省	133,933	3,433	2
吉林省	870,172	60,376	6
龍江省	293,406	14,749	5
間島省	135,757	7,634	5
濱江省	630,834	36,298	5
三江省	201,791	6,816	3
牡丹江省	88,449	11,109	12
黒河	16,677	2,024	12
熱河	754,841	5,029	0.6
北安省	328,021	4,525	1
東安省	66,357	1,210	1
興安東省	25,753	326	1
興安南省	150,326	1,498	0.9
興安西省	119,668	676	0.5
興安北省	23,397	2,934	13
計	6,661,970	340,643	5

前に述べたように一九四〇年に中国人聴取者数は、日系聴取者より約二万人多いが、「これを両民族百戸当りの普及率に直して見ると日系は約七四に対して満系は約三に過ぎない」と言われ、「さらに聴取者の分布状態について見るに、一九四〇年度末調査によれば全満主要都市に於ける聴取者数は二十二万七千余であるに比し、爾余の地方聴取者数は十一万四千余で約半数に過ぎ」ず、「真にラジオを必要とする地方農村方面に殆んど普及されていない」状態であった(51)。

スタートレベルの極めて低い数字から聴取者数が三〇万を突破し、中国人聴取者数が日本人の聴取者数をリードし始めたという事業成果は、電々にとってみれば誇りとなるが、放送により全満を統制し、これを以って世界進出を果たそうとする目的からみると、百世帯当たりで五パーセント、中国人の普及率は僅か三パーセントでは良い成果とはまったく言えない。日本人の普及率が七四パーセントであるのに対し、中国人への普及率の低さ、そして、農村地方への普及がほとんど進まなかったという状況は、満洲国の終焉まで続いた。地域的には見事に全域をカバーした満洲国放送の真実とは、都市における日本人を対象とした放送システムであったと言えるであろう。ゆえに、こういう設備上の普及結果を以って、「国民意識統合」という放送事業、最大の目的達成度を検証してみると、それは成功であったとは言えない。しかしながら、これだけ広範囲に放送網を広げ、その上に「二重放送」により主に放送番組を日本語放送と中国語放送に分けて編成したラジオ放送は、二つのまったく交わらない言語、文化の空間を生み出したこととなる。それぞれの空間において、一体どのような放送があったのか興味が尽きない。それに深く関連して、放送内容を二重にしたにもかかわらず、中国人側への浸透が不十分に終わったという事実は、放送が統合されたと言うより、何処かで乖離してしまったことを表しているのではないだろうか。そして満洲国と世界を舞台として、こういった放送は一体どんな性格のものであり、そこから発せられた音声は一体どのように響いていたのだろうか。次の第二章では、放送内容に関する分析を進めながら、様々な角度からの検証を試みたい。

第二章　放送内容の構成と審査

ここでは、放送構成、番組構成、内容分類及び審査検閲という四つの視点から、満洲国のラジオ放送の輪郭を描き出す。実際の音声資料に対する調査が困難な現在、放送内容を把握するためには、当時の新聞、雑誌、論文および関係資料などの文献資料を幅広く渉猟し、整理するのが唯一の方法である。第一章の事業普及と深く関連する二重放送という内容から満洲国における多民族統合を目指す放送形態の特徴を明らかにする。

1　二重放送体制

(1) 二重放送体制の確立と番組刷新

満洲国におけるラジオ放送の内容を考察するには、二重放送は注目に値する要素である。二重放送とは、聴取者の多民族性を意識し、第一放送を日本語放送、第二放送を中国語・多言語放送とし、それぞれの番組を編成して同時に放送するシステムである。新京一〇〇キロ大電力放送施設の完成により、中国語放送は電波に乗り、全満に及んだ（いわゆる第二放送は、中国語以外に、ロシア語、朝鮮語、モンゴル語などもあったが、本論文では中国語だけを対象とする）。それと同時に、新京を中心とした地方放送局との中継により、日本語放送も流されていた。満洲国のラジオ放送は国民を統合するためのメディアとして、各民族まで浸透させるために、二重放送を創り出したのである。前章で考察したラジオ聴取者数から分かるように、この計画による中国人への浸透はすぐに限界を迎えた。満洲国での二重放送に関しては、先行研究ですでに論じられているので「二重放送」に対する評価についてまとめて紹介したい。

「もっと内容の充実した而も満洲的色彩（特に満人層に対して其の必要あり）の濃厚なものを明朗に聴かせたならば聴取者は現在より相当高度な放送を評価し且つ相当の関心を持つようになるのではないだろうか」といった問題提起は頻繁になされていた（村田晃平　一九四〇）。「満人の声」、「満人の耳」から無縁になるラジオの姿が、対中国、対ソ連の放送との対抗からも問題視された。（中略）「二重放送開始と共に満語放送は内容的にも形式的にも全くその面目を一新し、特に満人聴取者に対し十分なる放送を行ひ以て文化啓発に資するを得るに至ったことは云う迄もない」などといわれることもあったが（日本放送協会　一九三七：二六二）、結局効果は大きくなかったようである。[1]

このように満洲放送では多言語放送が展開され、その言語集団が属する文化に関する放送番組や放送素材を探求した面があり、ある意味で多文化主義的な放送はなされていたといえる。しかしながら、聴取者は「自文化」に近いものを選択して接触し、ロシアものに対する日系聴取者のように「多文化」に接触してもそれをエキゾチズムとして消費するばかりであった。（中略）満洲電々の放送事業が当初期待されていた「国民統合」のメディアは、むしろ「モザイク」状況を維持するメディアとして機能したのであった。[2]

以上の如く、放送文化政策上に期待された「二重放送」は、結局その使命を果たせなかったと指摘されている。本章はとりあえずこの結論を踏まえ、放送内容に着目し、そこから見た放送者側と聴取者側の乖離した過程を明らかにし、満洲のラジオ放送の実態と位置付けを行うこととする。

実際の番組構成を具体的に見ていくと、第一放送も第二放送もともに、内容的には教養放送、報道放送および慰安放送というように大きく三つに分類される。(3) 細かくみると、たとえば教養放送は講演、語学講座、建国体操、学校放送などであり、報道放送はニュース、公報、経済市況、気象予報であり、慰安放送は演芸、演劇、音楽などである。

これら以外に、実況放送、子供の時間、広告放送なども組まれていた。なお、番組編成では、第一放送・日本語放送は満洲の放送局が放送内容を編成する番組と日本からの中継内容がほぼ半分ずつを占めていた。これに対し、第二放送・中国語放送は全て満洲編成となっていた。そのため第一放送と第二放送における最も顕著な相違点は慰安放送と思われる。つまり、内地中継に依存していた第一放送のこの部分は日本的色彩のものがほとんどであったのに対して、第二放送の場合は旧劇、現代劇、音楽、その他郷土娯楽（大鼓、相声、河南墜子）などが主流であった。

一九四一年、日本では日本放送協会により放送番組の刷新強化が断行され、それと同時に、満洲国でも放送内容の強化刷新運動が行われた。「国民教化指導と文化昂揚に一段の拍車をかけること」を目指し、「放送時間割当及び放送種目を満洲の実生活に即応せしめ報道放送を充実し、実行的指導力ある種目とするほか慰安放送は量、質共に従来よりはうんと水準を引き上げ芸術的淳化と娯楽性の増大を促進し番組を通じて音楽的要素を活用、その表現を洗練するほか講演は回数を減らして精選主義を採る」(4)という決定であった。

太平洋戦争直前に出されたこの政策から、放送内容向上を求めるほか、ラジオの内地と外地の「一体化」方針も見えてくる。従来、各放送局間の中継により構成された満洲国の放送は、内地(日本)中継も含め、放送開始と終了の際、放送していた放送局の局名および呼出符号の呼称が放送されていた。それが番組を刷新した一九四一年四月一日から、第一・第二放送ともに廃止され、代わりに標識音楽を以って区別した。つまり聴取者からみると(特に日本中継を主流とする第一放送の場合)、内地放送を聴いても、地方放送を聴いても、以前に比べて地域性のはっきりとするイメージが薄れ、「満洲放送」を聴いている内地との区別化が減少し、その一体性が強調されるようになったのである。ちなみに、決められた番組構成は次の通りであった。

第一放送・第二放送番組構成対照[5]

	第一放送	第二放送
七時	建国体操	
七時二十分	ニュース	
七時三十分	満洲語講座	初等日本語講座
七時五十九分	天気予報	
八時	レコード音楽	天気予報、レコード音楽
八時三十分	気象通報	気象通報
九時三十分	経済市況	
十時	幼児の時間	
十時十五分	間奏楽	
十時二十分	家庭婦人の時間	
十一時十分	政策の時間	
十一時三十五分	経済市況	
十一時四十五分		経済市況
十一時五十九分	時報	
零時		ニュース、レコード
零時二十五分	音楽	
零時三十分	ニュース	音楽
一時	家庭婦人の時間	
一時十分		経済市況
一時四十五分	経済市況	
二時	国民学校の時間	
二時三十分	気象通報	
三時三十分	ニュース	
三時五十五分		食料品小売標準価格
四時		ニュース、天気予報、気象通報
四時二十分	教師の時間（月、水、金）	学校放送（月、水）
四時三十五分	経済市況	
四時五十分		経済市況
五時		モンゴル語ニュース、レコード
六時	子供の時間、子供の新聞	
六時二十五分	放送局告知、番組予告	中等日本語講座
六時三十分	講演、講座、音楽、演芸	
六時五十分	新京からの全満ニュース	生活須知（日曜除く）
六時五十九分	時報	時報
七時	ニュース	全満ニュース、夜間番組予告
七時二十分	木、国民の時間　土、ローカル省市政の時間	
	月、水、ラジオ生活案内 火、金、ニュース	
七時三十分	講演、音楽、演芸	講演、音楽、演芸
八時三十分		時事解説
九時		音楽、演芸
九時三十分	ニュース	
九時五十九分	時報	
十時	告知、レコード音楽	ニュース、気象、翌日番組予告
十時二十分	ニュース	
十時三十分	北満の時間	音楽、演芸、舞台中継

ニュース、経済市況、気象通報などの常設の番組と、国民の時間、政策の時間、省市政の時間というわゆる政策放送関連の番組以外に、第一放送は日本中継を主として番組を編成した。それに対して第二放送の場合は中国人聴取者を意識し、音楽、演芸、舞台中継などの内容を自局編成する番組構造が見えてくる。このほか、第二放送聴取者の多民族性に配慮して、モンゴル語ニュース、食糧品小売標準価格などの番組も設置されたが、スタッフが足りず、しかも取材における様々な制限が課せられたと考えられ、第二放送は内容の密度において第一放送よりもかなり劣るものであったことが明らかである。中国語放送ではあるが、放送時間からみると、前述の定時放送の内容がかなりの比重を占めており、それ以外の中国語で放送をする時間はほぼ夜七時以後の音楽や演芸放送の時間に当てられている。

(2) ニュース番組放送における時間遅延

第一放送、第二放送ともに、ニュースの放送は定時放送と決められていた。具体的に言うと、第一放送の場合は、朝七時二十分、午後零時三十分、三時三十分、六時五十分、夜七時、九時三十分、十時二十分と毎日七回放送されるのに対し、第二放送の場合は、午後零時、午後四時、午後七時、午後十時の四回に留まっており、その他に五時にモンゴル語のニュースが放送される。なお、第一放送の場合、朝七時二十分と夜七時のニュース放送は日本中継のものであり、満洲国自体に関するニュースは両放送においても午後から始まるものであったと考えられる。つまり、十二時三十分(十二時)、三時三十分(四時)、六時五十分(七時)、九時三十分(十時)[6]における放送内容は同じであったと思われる。ニュース放送の内容について、すでに先行研究で満洲電々第二放送係長である劉多三の座談会における発言に基づいた指摘があるが(7)、ここではニュース放送の時刻に対して再度検証する。朝にニュース放送がなく、放送質量が低下しているという指摘に対し、劉多三は以下のように答えている。

ニュースの材料は皆国通から供給されております。また満文の通信は翻訳などの関係で日文の方より一便位遅れています。(中略)正午のニュース材料は午前十一時半頃になって始めて手に入るのです。放送までは僅か三十分です。其の間で書き直したり、訂正したりするのですから、自然に不備の点があるのを免れない状態です(8)。

朝のニュースがないことは、第一放送では東京中継によりこの問題が解決された。しかし、第二放送では午後まで待つこと以外に解決する術がなかった。「正午のニュース材料は午前十一時半頃」に来るということから、第一放送を十二時半から放送することは、中継や番組編成上の都合に基づいて決められた時刻であったと考えられる。両放送のニュース放送時刻を見ると、その次の三便については、第二放送は全て第一放送より三十分の遅延があった。この三十分間に関しては、いわゆる翻訳の時間であると理解して良いであろう。同じような特徴が、ニュース放送と同じ性質の経済市況の放送にも存在していた。この放送時間の遅延から、報道放送における第二放送の窮屈さ、制限の多さが分かってくる。さらに言えば、新聞と違い、即時性を重要な要素とするラジオ放送にとって、朝の部にニュースが放送されていなかったことがそもそもおかしいことであった。この問題は、「国通」（満洲国通信社、以下国通と称する）の通信配給制度と関係していた。関東軍の指導下に成立した国通は国家的新聞通信機関であり、満洲国における新聞通信を統制し、指導する立場にあり、ニュースを統制し、それを取捨選択して満洲各地に発信するという構造であった。そのため二重放送のニュース放送では、特に第二放送の場合、前述の番組構成の審議組織と国通という二重のロックが掛けられていたのである。よって、ニュースも素早い伝達性をある程度、犠牲にせざるを得なかった。

(3) 政策の時間と国民の時間、「省市政」の時間

ニュース放送と違い、すでに放送内容が決められ、第一放送と第二放送の双方において放送される番組があった。それは「国民の時間」、「政策の時間」、そして番組刷新により新設された「省市政の時間」であった。ニュース放送を報道放送としてわずかでもその時事性を強調しなければならなかったとするならば、これらのいわゆる国策放送は精神動員のための教化放送であり、その聴取対象をそれぞれ設定したものであった。まず、政策の時間についてみてみよう。

内外の諸政策や、種々なる理想、或は中央政府の大きな動向等々をよりよく親しく知らしめ、中央、地方の緊密なる連絡を必要とする主旨の為めに別項の如き要領によりラジオ定期時間を設置して、政府の意のある所、また国民諸君に充分知って頂くことを充分に披瀝して共々に満

洲建国の大理想の顕現に努めたいと思料しているのである。(9)

「中央、地方の緊密なる連絡」、そして「共々に満洲建国の大理想の顕現に努めたい」という文言から分かるように、「政策の時間」という番組の対象は、一般民衆ではなく、「警察官、一般官吏、協和会各本部及分会役職員、学校職員、特殊会社員、準特殊会社員」など、現在のいわゆる「公務員」に属する人々であった。ゆえにその放送内容も政策に関する説明、政府公報、行政に関する解説などが主であった。他の放送と違い、政策の時間だけは言語別に第一と第二で放送するのではなく、毎週月曜日と木曜日の放送時間中、前半は中国語、後半は日本語を用いて放送を行った。二重放送に分けていなかった理由は、放送対象とされる各官庁や機関では、共同聴取ないしは担当者が聴取し、それを伝達するという聴取体制が要求されていたからである。つまり、全満の官庁や政府機関の役員や職員たちに、同じ声を以って伝えるという方針からであろう。

「政策の時間」に対応して、同じ放送目的を以って一般民衆を対象としていた番組は「国民の時間」であった。これもやはりきちんと第一放送・日本語、第二放送・中国語に分け、毎週木曜日に放送することにした。なお、「政策の時間」と違い、「国民の時間」は国民に呼びかける性格がより強く、地位の高い人が講演し、その最初の放送として、国務総理大臣張景恵および総務長官星野直樹による満洲国の建国精神および「国」としての発展史に関する「獅子吼」が流された。

国家政策の普及、浸透を意識し、政府機関に対しては「国策の時間」、一般民衆に対しては「国民の時間」が放送されたわけだが、ラジオ放送により、政府機関と一般民衆を結びつけようとしたのは、「省市政の時間」であった。一九四一年の番組刷新により、第一放送、第二放送ともに、「省市政の時間」が設置された。各地方の省市政の解説を行ない、その中で一般民衆と密接な関係を有すると思われる部分を、省市政における責任者がラジオを通じて説明するという番組であった。その目的については言うまでもなく、次第に戦時態勢が強調されていくにつれ、国民動員や思想戦のために、「官民協力」を強化するところにあった。(10)

「政策の時間」、「国民の時間」および「省市政の時間」の目的とは、前述したように、国家、政府、民衆という三者の一体化、そして民衆を対象とする思想動員を求めるところにあった。特に第二放送の場合、第一放送と同時性を保持するため、木曜日と土曜日において「国民の時間」と「省市政の時間」を作り、さらに「省市政の時間」の番組編成は両放送ともに全て各地方放送局の編成によったという点において、かなり苦心したことが推測される。いわゆる二重放送は、放送者側から見ると、単にラジオ放送事業を普及させるためだけではなく、聴取者を如何に満洲国と結びつけ、そして如何に国民性を統一するかの道具であった。この三つの国策定時放送は、それが形となって現れた一つの事象であると考えられる。

2　放送内容の分類と三大放送

(1)　教養放送

日本でのラジオ放送は、一九二五年三月二二日より、東京・大阪・名古屋の三放送局を中心に、公共事業として開始された初期、放送内容としては、教養放送（講演、講座、子供の時間）、芸能・娯楽放送（演芸、演劇、音楽）、そして報道放送（ニュース、経済市況、実況中継）という三つの柱をもって構成された。(11) 満洲国のラジオ放送も、日本の番組構成方針を踏襲し、主にこの三つの分類から放送された。

それぞれの分類について紹介するために、『満洲日日新聞』の昭和一四年一一月二七日の放送番組表と同日の『大同報』のそれとを第一放送と第二放送に分けてあげておく。

第二放送

早

七、〇〇　國歌　建國體操

七、二〇　格言　郭思敬 人生以不坦爲寶

七、三五　初等日本語講座、高宮盛逸

八、〇〇　清晨音樂＝唱片＝蘭頓堡協奏曲、巴哈作曲

八、二〇　氣象

八、五〇　建國體操

九、四〇　政策時間（日滿語）一、警察歌「唱片」二、關於警察官之修養、治安部警務司教養科長三宅秀雄、治安部事務官溫廣田

一〇、一〇　經濟市況（奉、連）

一一、〇〇　家庭講座、（奉天）談種痘、滿洲醫科大學病院原內科郭文高
一一、五〇　洛子「唱片」夜審周子琴、李金順、空谷蘭、劉翠霞
一一、五九　報時

晝

〇、〇一　新聞、告知
〇、三〇　河間大鼓、封神榜「二五」方兆瑞外一名
一、一五　經濟市況（奉連）
四、〇〇　學校放送、講話、女子家專科的教授法民生部編審官室囑託、傅喜珍
四、四〇　新聞氣象告知
五、五〇　經濟市況（奉連）
五、一〇　俄語新聞（哈爾濱）
五、二〇　英語新聞
六、〇〇　兒童時間（哈爾濱）一、作文發表、收聽無線電之感想、雙城縣公立安民國民優級學校二年生、張鴻儒、外二名　二、唱歌、二部合唱、外一曲、齊唱、陽曲、外三曲、哈爾濱市立安廣國民學校學生、指揮杜景陽
六、二〇　兒童新聞
六、二五　中等日本語講座、高宮盛逸

六、四五　日本語新聞

夜

七、〇〇　新聞告知、政府公報　夜間節目預告、（哈爾濱新聞）

七、三〇　講演（哈爾濱）滿華交換放送、對處歐洲動亂我國應有之覺悟、外務局哈爾濱特派員公署、楊程貴

七、五〇　協和青年講座　古代逸話之三康熙大帝青年時代、協和會中央本部訓練科、姜學濟

八、〇〇　話劇（錦縣）天方夜譚、錦州放送話劇團

八、三〇　新聞解說

八、四〇　給楊片奏（哈爾濱）一、別離之歌　二、波之圓舞曲　三、桑塔露其亞　玄默外二名

九、〇〇　舊劇「哈爾濱」武家坡、李效誠外十二名

九、四〇　評詞、洪武劍俠鬪（二〇二）張青山

九、五九　報時

一〇、一〇　新聞、氣象、明日節目項告

一〇、二〇　蒙古語新聞與唱片

一〇、三〇　舊劇「唱片」霸王別姬（一一二）梅蘭芳楊小樓

第一放送
朝の部
七・〇〇　建国体操　引続き　入港船のお知らせ
七・二〇　ニュース（新京）
七・三〇　初等満洲語講座　幸勉（大連）
七・五五　朝の音楽（レコード）管弦楽（リスト作品より）一、ハンガリー国民歌　二、ハンガリー行進曲　三、ハンガリー狂詩曲第二番（大連）
八・二〇　気象通報
八・五〇　建国体操
一〇・〇三　幼児の時間「歌あそび」（レコード）（大連）
一〇・二〇　母の時間「母の希望」（三）（新京）
一〇・四五　家庭メモ
一〇・五〇　料理献立
一一・五九　時報
晝の部
〇・〇一　晝間演芸―琵琶―「伏見の吹雪」服部旭芭（大連）
〇・二〇　歌謡曲（キングレコード）「出征兵士を送る歌」永田絃次郎・外（大連）

〇・三〇　ニュース（東京）ニュース（新・奉）

三・三〇　教師の時間　一、国民歌（新京）二、講演「日本教育の進むべき道」（二）旅順師範学校長板倉操平（大連）三、教育便り（新京）

四・〇〇　ニュース（東京）ニュース・気象通報（新・奉）

五・二〇　鮮語の時間　一、ニュース　二、演芸（新京）

夜の部

六・〇〇　子供の時間　雅楽（解説付）一、青風亭　二、漁翁楽　三、金針落　四、八條龍　錦州市公立鎮案国民学校劉国珍・外（錦縣）

六・二〇　コドモの新聞

六・二五　趣味講演「国事探偵物語」日露戦争特別任務班生存者　大島與吉（大連）

七・〇〇　ニュース（東京）ニュース・告知事項　番組予告（新・奉）

七・三〇　唱歌指導　満洲開拓の歌（本間一咲作詞・中山晋平作曲）指導―山崎仟　斉唱―奉天リーダー・ソサエティー　伴奏　伊東和子（奉天）

七・四〇　講演　安東の将来性に就いて　安東市長　都富晋（安東）

八・〇〇　舞台劇「鶴八鶴次郎」　川口松太郎原作＝配役＝鶴次郎（花柳章太郎）鶴八（水谷八重子）佐平（小堀誠）竹野（藤村秀夫）其他大勢（東京）

引続き　野談　奇怪な御神体　尹白南（奉天）

九・三九　時報・ニュース・ニュース解説（東京）　ニュース・気象通報・番組予告（新・奉）

一〇・三〇　今日のニュース（新京）

放送メモ

▲早川誠子氏（前一〇、二〇母の時間）新京花嫁学校生徒

▲板倉操平氏（後三、三〇教師の時間）旅順師範学校長

▲大島與吉氏（後六、二五趣味講演）満鉄嘱託、日露戦争特別任務班現在者

▲都富晋氏（後七、四〇講演）安東市長

以上見たように、第一放送と第二放送の教養番組が構成内容上で、ほぼ一致している。具体的な放送内容および機能についてはまた別の章を設けて検討するので、ここではまず教養放送のいくつかの類型についてみておく。

両放送ともに、朝七時から建国体操が始まる。この放送時間帯で興味深いところは、中国語放送には「国歌」という項目があるが、日本語放送にはそのような項目は見当たらない。ここの「国歌」とは、「満洲国国歌」である。第一放送は日本人向けの放送であり、運営構成の面で言えば大連も含まれている。関東州と満洲国という二つの空間は、地域性では緊密に連結していたが、政治体制は違っていた。厳密に言えば、満洲国の「国歌」は「関東州」に向けて流すことができなかっ

たことが考えられる。また、満洲国では国民の概念を定める国籍法は国家の崩壊まで作れなかったので、「満洲国国歌」に対して関東州に住む日本人はどう考えていたかも問題であったはずだ。この二つの理由から、「国歌」という放送項目が第一放送から消されたのではないかと推測される。

語学講座、子供向けの放送、学校放送、家庭向けの放送という分類は、両放送で共通している。語学講座は朝の時間帯に置かれたこと、家庭放送や、料理の献立などの番組は午前に置かれたことから、編成時の内容性と時間性に関する電々の工夫が見られる。内容構成からみると、第一放送は、より生活面での教養を重視していたようにみえる。第二放送の家庭講座という項目は、第一放送では母の時間、家庭メモ、料理の献立などに細分化された。そして児童時間に対して、幼児の時間、子供の時間など、それぞれの年齢層に対応して番組を制作した。

また、両放送ともにさまざまな講演放送が行われていた。講演放送は、満洲国のラジオ放送のなかでかなり力を入れていた番組であった。講演内容は政治、生活、健康、文化、文学など多岐にわたり、それぞれの分野の専門家を招き、録音講演、実況講演という形式で放送された。明確な指向性、そして時事状況に応じ、宣伝や教化の需要に機敏な反応ができるという特徴から、講演放送は教養放送の重要な項目として組まれていた。

(2) 娯楽放送

二重放送で第一放送の場合、日本からの中継が半分程度の比重を占めており、慰安放送については制作面の問題も含め、ほとんど日本からの中継に頼っていたと考えられる。この状態が最後まで続くのであるが、まず二重放送が実施される前の状況を見てみる。前章で述べた通り、一九三五年に新京大電力放送施設が建設され、全満放送網完備の一環として大連経由により日本の内地放送に基づく中継を強化した。その時期の放送内容の一例として、一九三五年九月に放送された「ラジオ演芸」からいくつか番組を挙げてみる。(12)

舞台劇「鹽原多助」(市川男女蔵、市川紅若、市川龍之助) 九月一日東京より
下野鹽原の百姓角右衛門に多助といふ実直な息子がありました。多助は父角右衛門の死んだ後、義母のお亀のつれ子であるお榮と夫婦になりましたが、お亀もお榮も心よからぬ女で、多助を亡きものにしようと企んでいるのでした。これを察した多助は、たうとう故郷を棄てて江戸へ出て立身出世しようと決心しました。朝に夕に仕事を共にしていた愛馬の青に、人にものをいうやうに悲しい別れを告げました。さすがに獣の青も多助の悲しい心が通じたのか、目をしばたたいて主人の袖を引いて別れを惜しみました。江戸へ出た多助はいろいろ苦労をしたが、本所に炭屋の店を出すやうになり、身を粉にして働きました。その実直な男振りを金満家の藤野屋の娘お花に恋されて、たうとう夫婦になり、二人共真黒になって働き幸福な生活をするやうになりました。

京劇「三進士」(瑞祥京劇団) 九月一二日新京より
張文達は篤学の士であり且つ理想に燃ゆる若人であった。榮進の夢に誘はれる儘に彼は若き

妻孫氏と頑是なき愛児二人を郷党に託して京師に上った。だが浮世の荒波は唯徒らに若さと夢を破るばかりであった。遥かなる故山の想ひは落莫たる想ひを迫らせるが今や彼は単に食を求めるだけのためにに巷を彷徨しなければならない身と成り果てたのである。残された親子三人は遂に流離の人となり、子供二人は常周の二家に救われたが幸ひにもこの両家は著名な富豪であったので、夫々立派に成長し共に有為なる官吏となり、母を擁して過ぎし日の追憶に懐かしむ身分となった。中秋の夜である。親子三人月を拝し卓を囲んで語り合った。中天の明鏡は期せずして自ら瞼の父と夫を想はせる。折しも月光を負って通りすがる老爺があった。おお、父だ、夫だ。

ヴァイオリン「ニーグン・ブロッホ作曲」九月二三日東京より

アーネストブロッホはユダヤ系のスイス人、現在アメリカに帰化している。ニーグンは彼のヴァイオリンとピアノの三部曲のうちの第二篇へブライ風な冥想的な感じに溢れている即興曲。

以上のように、ほぼ毎日音楽と演劇がいくつか放送されていた。種類から見ると、日本からの中継によって、演劇に舞台劇、浪花節、漫才、落語、ラジオドラマが放送され、音楽に歌劇、管弦楽、日本地方民謡、小唄、長唄、楽器（ピアノ、バイオリン、琵琶など）独奏などが放送されていた。満洲編成の比重はかなり少なく、その内容は中国地方劇やレコードがほとんどであった。

当時の放送内容は、一体どういう基準をもって放送されたのであろうか。たとえば京劇「三進士」の場合、異郷に流された母と子供三人が良い生活をおくり、そこで故郷にいる「父、夫」を懐かしむ話は、中国に対する所属意識を喚起するものとされる可能性が強いため、「芸文指導要綱」が出された後の満洲国においては放送ができなくなるかもしれない。しかし、日本からの中継に頼っていたこの時期の放送内容は、まず日本での審査により決められるものが多かったと考えられる。満洲国にも中継放送された当時の流行唄であった小唄勝太郎による「島の娘」の歌詞が「ハアー、島でそだてば、娘十六恋ごころ、人目しんので君と一夜の仇情」から「ハアー、島でそだてば、娘十六紅だすき、咲いた仇花、浪に流れて風だより」と書き換えられた(13)ように、音楽放送やレコード放送に関しては、国も作者も種類も関わらず何ら制限がないように見えるが、すでにこの時期の満洲国で、放送内容に関する検閲と統制が始まり、その検閲も時間の推移と共に変化していったのである。

(3) 報道放送

報道放送に関しては、すでに何度か触れてきたが、ここでは、満洲国ラジオ放送の報道放送の内容と性格、つまり報道放送を通じて国民に何を伝えたのかということについて考察したい。報道に対する統制は、「輿論指導」の面で厳しくされ、弘報処、関東軍、協和会を中心とした放送参与会などにより、いくつかの関門が設けられていた。ラジオによるニュース放送とは、放送者・統治者側から聴取者・国民に対する最も直接的なメッセージであることは間違いない。しかし、ニュースは実際に起きたことを伝えなければならず、事実の捏造ができない以上、放送者としては内容選別で工夫し、さらに時事解説のような番組を作り、毎日放送したニュースについて、国民のそのニュースに対する解読の方向を導くことに苦心した。こういった状況下の報道放送はどういうものであったのか、先行研究ではその内容に関する整理があまりされていないので、『満洲電信電話株式会社十年史』などの資料に基づき、ここでまとめてみたい。

まず、電々成立以来、太平洋戦争勃発の一九四一年までに、報道放送で取り上げられた「国内重要ニュース」を次に挙げる。

一九三四年

一月一四日　全満　皇帝推戴願書提出

一月二〇日　満洲国政府帝政実施

三月一日　満洲国帝政を実施、溥儀執政　帝位に即かせられ元号を康徳と改む

三月二日　皇帝登極に当り賜餐勅語を賜ふ

三月三日　サルヴァドル共和国満洲国を承認

四月一八日　羅馬法王庁満洲国を承認

六月六日　天皇陛下御名代秩父宮殿下国都御着

六月一一日　幣制統一

九月二三日　日本海軍機満洲国訪問飛行

一〇月一三日　最初の陸軍大演習挙行　皇帝陛下御統監

一二月二六日　在満日本行政機構改革
一九三五年
一月二三日　北鉄譲渡一億七千万圓で交渉成立
一月二四日　ハルハ廟附近に外蒙兵侵入満ソ両軍衝突
一月三一日　日満連合軍ハルハ廟占領
三月二三日　北鉄譲渡協定正式調印
四月二日　皇帝陛下御訪日啓蹕、御召鑑大連御出航
四月二七日　皇帝陛下御訪日より回鑾
五月二日　回鑾訓民詔書煥発
五月二一日　鄭国務総理辞任、張景恵国務総理特任
八月一五日　日満経済共同委員会協定成立調印
一一月一八日　建国功労者の叙勳発表
一二月一〇日　南次郎大将関東軍司令官兼駐満特命全権大使に新補
一九三六年
二月五日　関東軍満ソ紛争問題につき声明
二月一二日　満蒙国境オラホドカに日満、外蒙両軍交戦
三月六日　植田謙吉大将関東軍司令官兼駐満特命全権大使に親補
三月二五日　満ソ国境長嶺子にて日満軍ソ連軍交戦

三月二九日　満蒙国境ボイル湖附近に日満外蒙両軍衝突
五月一日　満独貿易協定成立発表
六月一〇日　治外法権一部撤廃に関する条約調印
八月二五日　二十箇年百万戸開拓計画成る
一〇月二日　間島省満ソ国境にソ連兵不法射撃事件発生
一〇月九日　満洲産業開発五箇年計画現地案大綱決定
一二月二四日　満ソ国境ボクラ北方に於て日ソ両軍衝突

一九三七年

三月一日　帝位継承法公布
五月一日　満洲国重要産業統制法公布
五月八日　満洲国行政機構改革実施
六月三〇日　乾岔子島事件
七月一日　第二次中央並に地方行政機構大改革実施
七月七日　支那事変起こる
一一月五日　治外法権撤廃に関する日満両国の条約調印
一一月二九日　イタリア満洲国を承認
一二月一日　満洲国治外法権撤廃実施
一二月二日　満洲国、フランコ政権相互承認

一二月二七日　満洲重工業株式会社創立

一九三八年

二月四日　産業開発五箇年計画修正決定

二月五日　ポーランド満洲国承認

二月二〇日　ヒトラー総統満洲国承認を言明

二月二一日　奉天大阪間無装荷ケーブル通話開始

二月二六日　満洲国国家総動員法公布

三月二八日　鄭孝胥氏薨去

五月一二日　満独修好条約締結正式調印

五月一四日　産業五箇年計画改正案成る

七月五日　日満伊修好通商航海条約調印

七月一二日　張鼓峰事件勃発

満独修好条約締結

七月一四日　満洲国張鼓峰事件に関しソ連に厳重抗議

七月三〇日　満洲国遣外使節団出発

八月一一日　張鼓峰事件現地協定成立

九月一六日　満洲国臨時資金統制法公布

一〇月一七日　旧蒙旗王公開放蒙地奉上

一〇月一九日　満波修好条約調印
一一月一二日　駐満独公使ワグナー氏国書捧呈
一一月一五日　駐満海軍官府設置
一九三九年
一月〇九日　ハンガリー満洲国を承認
一月二四日　満洲国防共協定参加調印
一月二八日　訪欧使節団国都帰着
四月八日　三代国策（産業五箇年計画、開拓計画、国境建設）樹立
五月一一日　ノモンハン事件勃発
五月一五日　北境振興計画発表
五月二八日　日満軍ノモンハンで外蒙機四十二機撃墜
五月三一日　満独貿易協定改定調印
六月一日　東安、北安両省開設
六月一六日　外蒙ソ連機富拉爾基に飛来投爆
六月一七日　第二次ノモンハン事件
六月二七日　ソ連機二百機とボイル湖上で空中戦、九十八機撃墜
七月一日　内務局廃止、地方処設置
七月二日　日満軍ハルハ河地区外蒙ソ連軍攻撃開始

七月二五日　防衛法の一部実施
八月二一日　皇帝陛下東部地方御巡狩
八月二六日　ハルハ河畔で日満軍総攻撃開始
九月五日　満洲国政府欧洲戦争に際し日本と協力、支那事変処理に全力を尽す旨声明
九月七日　梅津美治郎中将関東軍司令官兼駐満特命全権大使に補親
九月一五日　ノモンハン事件日ソ停戦協定成立
一二月七日　満蒙国境確定会議チタ市に開催
一二月二一日　満洲開拓政策基本要綱決定
一九四〇年
一月七日　満蒙国境確定ハルビン会議開催
二月一五日　徴兵制度実施発表
三月一三日　張総理支那新政権支持声明
三月二三日　興農合作社法公布
三月二九日　満洲開拓青年義男隊訓練本部官制公布
四月一一日　国兵法公布
四月二九日　満華経済協議会開催
五月三日　開拓団法公布実施
五月三一日　ハンガリーと公使交換

六月一日　興農部開設
六月九日　ノモンハン国境確定協定成立
六月二二日　皇帝陛下御訪日啓蹕
　日満伊貿易協定成立
七月一〇日　御訪日の皇帝陛下回鑾
七月一五日　建国忠霊廟建立
　国本奠定の詔書煥発
九月二九日　主要農産物統制法改正
一〇月一日　第一回国勢調査
一一月五日　日満支経済建設要綱発表
一一月三〇日　国民政府満洲国承認
　満華日共同宣言
一二月一日　ルーマニア満洲国を承認
一二月二八日　中国駐箚大使館開設
一九四一年
二月一二日　日満農業政策綱領成る
二月二五日　建国十周年祝典委員会管制公布
三月二〇日　経済顧問制設置

四月一九日　建国神廟、建国忠霊廟祭祀令公布
五月一〇日　ブルガリア満洲国を承認
七月一日　四平省新設
七月二〇日　フィンランド満洲国を承認
七月二四日　総務長官武部六蔵氏に決定
〇八月一日　泰国満洲国を承認
〇八月二日　クロアチア満洲国を承認
〇八月一三日　デンマーク満洲国を承認
〇八月二〇日　満蒙国境確定現地作業成る
一〇月一四日　農産公社法公布
一〇月一五日　満蒙国境確定業務終了、共同コミュニケ発表
一〇月一七日　賞新祭　皇帝陛下建国神廟に参拝
一〇月二一日　在支外交機関拡充（北京大使館、上海天津総領事館、済南領事館開館決定）
一〇月二二日　フィンランド公使館設置
一一月一日　国都電鉄開通
一一月五日　フィンランド公使信任状捧呈
一一月七日　満洲労工協会解消　労務興国会誕生
一一月一〇日　第二次五箇年計画素安発表

一一月一九日　建国十周年記念事業決定
一二月八日　大東亜戦起る
　　　　　　時局に関する詔書渙発
　　　　　　歴史的御前会議開かれ対時局根本方針確定
一二月一五日　国防保安法、国防資源秘密保護法公布
一二月二七日　治安維持法制定即時実施(14)

このニュースリストから、満洲国の歴史が見えてくる。この歴史はほかでもなく、まさに満洲国が如何にして「国」として成長したのかを教えている。「重大ニュース」として全満に放送されたこれらのニュースは、満蒙ソ国境における紛争、および国内における政策の変更や時事問題などの内容を除けば、残りの項目は全て一つのキーワードで纏めることができる。それは「満洲国承認」である。一九三三年の国連総会において、満洲国が不承認とされ、松岡洋右が日本の国際連盟脱退を宣言し、当然当事者である満洲国にも大きな影響を及ぼした。この出来事は満洲国でも各新聞で大々的に報道された。それだけに「建国した事実」を広く「国民」に認識させたい統治者側からすれば、国連総会における不当な扱いを訴え、不承認の屈辱を払拭しなければならなかった。それによって満洲国の建国を既成事実として定着化させ、国民形成の前提条件がようやく備わることになる。その方法としては、前述の岸本俊治が話したニュース放送による輿論指導と国論統一が挙げられよう。「満洲国不承認」の翌年、一九三四年から報道放送には、「満洲国承認」に関する内容がか

なりの比重を占めるようになった。ドイツ、イタリア、日本という枢軸系国家を中心とした「満洲国承認」、そして「満洲国の外交活動」を宣伝するニュースが盛んに流され、その輿論操作により、ラジオ放送の中の満洲国は、後に述べる「交換放送」（対外放送）と合わせ、「国」としてのイメージを確立し、国際舞台にも登場するようになったのである。

では、満洲国の国際的地位に関する情報以外に、満洲国と日本との関係は報道放送で如何に伝えられていたのだろうか。一九三五年四月および一九四〇年六月、満洲国皇帝溥儀が日本を訪れたが、特に、第二次訪日活動は詳しく報道された。ここで少しその内容を挙げてみる。

六月二六日　昭和天皇、皇后および皇族と面会
　　　　　　満洲国駐日大使による講演　皇帝陛下奉迎感想
六月二八日　靖国神社参拝
　　　　　　国防館見学
　　　　　　高松宮殿下および重要人物との会見
六月二九日　日比谷音楽堂に於ける陸軍大将松井石根の講演：「満洲国皇帝歓迎国民大会」
　　　　　　日本貴族院議員宮田光雄および満洲国駐日大使と共に「万歳三唱」(15)

溥儀が日本に行き、東京および京都での行動が、全て電波に乗って満洲国に伝えられた。満洲国は「国」でありながらも日本の植民地であり、日本の統治下に置かれているという実情は、国際舞

台に進出しようとする満洲国のイメージとは合わないものであった。したがって、日本との「一体化」をアピールしつつも「同等な立場」が求められていた。このメッセージを溥儀の日本訪問中のいわゆる「日満一神一崇」（満洲国の建国元神とされた天照大神を象徴する鏡を溥儀が授かり、それをもって日本への忠誠と連携を宣伝する）に注ぎ込み、満洲の人々に伝えたのであった。もちろん新聞による報道でも同様の意思伝達はできるが、「音」による実況放送はより強い臨場感を与えることが可能であり、その効果は無視できないものであった。「皇帝」の日本における全ての言動をそのまま耳にして、当時の聴取者は満洲国と日本とが「一体化し、共存する存在である」という幻想を持ったことであろう。このように報道放送により、満洲国の国際舞台における独立性と日本との一体性が築かれていった。

以上の分析に基づき、報道放送に仕込まれた放送側の方針が見えてくる。弘報処放送班の山根忠治は報道放送に関して「国家的社会的利益の見地からニュースを取捨選択して之に依り社会意識に暗示を興へ、共同意識を形成し、その反応を機敏に把握して輿論を構成せしむべき[17]」と放送側の期待に言及したように、報道放送は無選別に情報を伝達するメディア形式ではなかった。ニュースを伝達する機能を持つ新聞と同じく、満洲国におけるラジオ放送に対する統制も行われた。特に報道放送に関して、満洲国の新聞とラジオという二つのメディアの間では実に深い関係を有していた。この点に関して、次章で論じるが、ここでまず満洲国ラジオ放送に対する全般的な内容統制についてみてみよう。

3　放送内容の審査と検閲

放送内容の検討をする前に、先に番組編成の方法、機関構成について明らかにしておきたい。「高度国防国家体制下に於ける一切の他の文化機関が然るが如く、国民の意思統一」を使命とする満洲国国内放送は、その番組の編成および審査が重視されたことは容易に想像できるが、そのシステムの規模や複雑さは想像以上のものであった。具体的には次のようであった(18)。

現在放送番組の編成は監督官庁たる国務院弘報処の指示する根本方針に基づき、電々本社に於て予め毎月の編成方針を造るのであるが、この編成方針に従って各放送局は前月十日迄に本社に対し番組の提案を行うのである。本社は各局より集まった番組の提案を取纏め、監督官庁、電々放送部および新京、奉天、ハルビン、大連の四中央放送局長より成る放送番組編成会の審議にかけて決定する

別に番組の適正妥当を期する見地から放送参与会なるものが設置されてある。この放送参与会は軍、政府、協和会、通信社、放送事業者より推薦された参与を以て構成され、毎月一回開催して放送の遺憾なき運営に資している。

前月十日までに番組提案を出さなければならない理由は、「番組の割当て月日、回数は中央

（電々本社放送部）より毎月全満一斉に一ヶ月分を全満に割当てる」ためとされていた。つまり、地方局で勝手に変更することが出来ず、全ての番組編成は一ヶ月前にすでに中央により決定されたのだと考えられる。「万一緊急なるものは十五日又は十日前にて可なるも全満に手配するために頗る広範なる手続を要する」ということから、放送局の番組編成に対する厳しい審査体制が見えてくる。

次に、申請および審査をするにあたって、一体どんな機関が関わっていたのか、その関係を明確にするため、「放送内容指導に関する系図」を挙げてみる。(19)

放送内容指導に関する系図

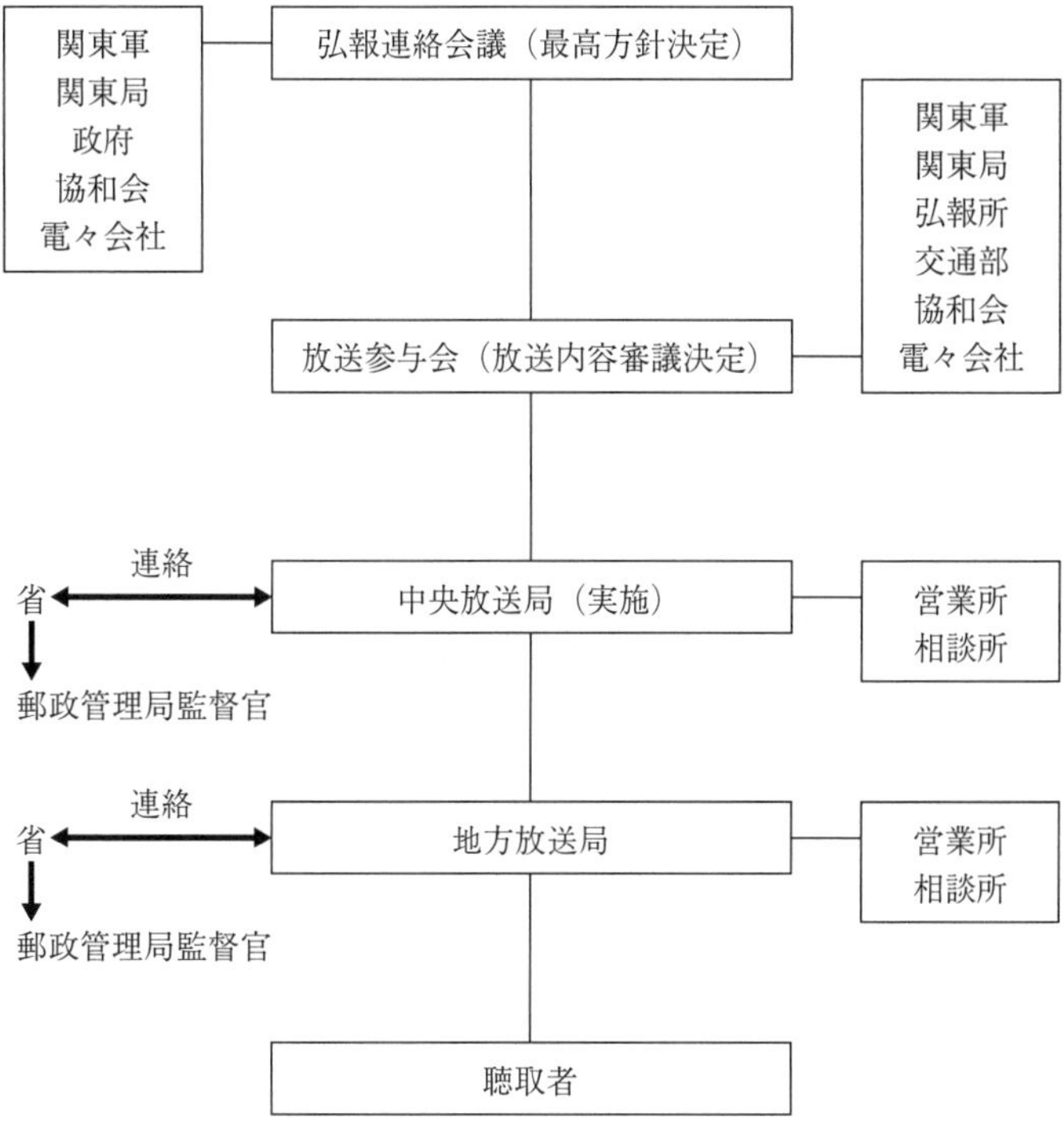
関東軍
関東局
政府
協和会
電々会社
弘報連絡会議（最高方針決定）
関東軍
関東局
弘報所
交通部
協和会
電々会社
放送参与会（放送内容審議決定）
連絡
省
郵政管理局監督官
中央放送局（実施）
営業所
相談所
連絡
省
郵政管理局監督官
地方放送局
営業所
相談所
聴取者

図から分かるように、放送番組を編成する時点から聴取者に到達する放送内容になるまでの過程は、まず放送に関しての機構、指導方針の最高決定機関である「弘報連絡会議」があり、電々会社放送部で放送に関する事務管掌をし、ローカル放送番組の内容に対する審議機関である「放送参与会」で指導と審査を受け、次に新京、奉天、ハルビン、大連を中心とし、地方との連絡放送をする「中央放送局」を通じ地方放送局と連絡、放送をするという厳密なシステムがあった。その上、郵政局からまた監督官を出し、随時に監督調整を行うシステムも付随していた。関東軍と政府までもが手を入れ、番組編成および審査を行うことからみると、電々のいわゆる国策会社である性格が容易に分かる。つまり、満洲国における放送事業とは、施設運営上は電々が会社として担当しているが、放送内容についてては電々だけでは決定することができず、関東軍や弘報処なども関わっていたのである。こういった放送者側が放送内容をどう考えていたのかということは非常に重要である。

ここで、満洲国弘報処参事官であった岸本俊治の発言を見てみる。

内容の選択乃至プロ編成に当りて国家統治の基本に則ることが絶対に必要であるが、（中略）以下若干各プロについて記述しよう。

第一は慰安、教養の領域においてである。（中略）ラジオは聴取者のものであると共に社会の公器であることに鑑み、徒らに聴取者の希望に副ふのみでなく、国家として社会として必要とする健実なる趣味の涵養と正常なる常識の養成に資すべく、時代を率ひ民衆を追随せしむべき権威あるプログラムの編成を為さなければならない。

第二はラジオに依る輿論の指導、国論の統一を図る為には主として如何なる方面に意を用ふべきであるか。それはひとり講演による指導を意味するものではなく、寧ろニュースの取捨選択如何に職由する。換言すれば国家的社会的利益の見地からニュースを取捨選択して之に依り社会意識に暗示を興へ、共同意識を形成し、その反応を機敏に把握して輿論を構成せしむべきものである。（中略）

第三は放送ニュースである。（中略）ニュースであるからには迅速を生命とする事は何よりの要件ではあるが、その結果として不正確であったり、偏頗であったり、不道徳のものであってはならない。（中略）この点よりしてラジオに依る正しい輿論の指導を行はんが為には、正確公平なるニュースが放送される事は絶対に必要な事である。（中略）それよりも更に徹底して国の弘報政策に即応するところの専門委員会を組織し常時之により指導すべきであると思う。[20]

「権威あるプログラム」を以って、輿論の指導、国論の統一を図り、社会意識に暗示を与え、共同体意識の形成にふさわしい慰安と教養内容を放送し、その上で国の弘報政策に則した「正確公平」なる報道でそれを補佐するというのは、放送番組編成に対する期待であった。すなわち、国民を導く、国家理念に基づき放送内容の構成を考えるということである。満洲国の文学創作活動の内容に対し、厳しく制限を設けた「八不主義[21]」があったが、ラジオ放送内容においてはそれを上回る、さらに細密な制限が存在していた。

（イ）左の如き事項は放送を禁止し又は削除若は訂正をせしむるものとす

（一）帝室の尊厳を冒涜する事項
（二）帝制を否認する事項
（三）軍事又は外交の機密に関する事項
（四）共産主義、無政府主義の理論乃至戦略、戦術を宣伝し若はその運動実行を煽動し又はこの種の主義を有する団体を支持する事項
（五）暴力主義、直接行動、大衆暴動等を煽動し又はこの種の主義を有する団体を支持する事項
（六）国家存立の基礎を動揺せしむる事項
（七）官公署の秘密に関する事項
（八）法令の規定、之に基く処分、法令に依り決定したる行政上の施設若は方針又は法令を以て組織したる会議に於ける決議を非議し若は論難する事項
（九）外国の君主、大統領又は我国に派遣せられたる外国使節の名誉を毀損し、之が為国交上重大なる支障を来す虞ある事項
（一〇）犯罪を煽動若は曲庇し又は犯罪人若は刑事被告人を賞恤若は救護し又は刑事被告人を陥害する事項
（一一）公判に附する以前に於ける予審中の被告事件に関する事項及公開を停止したる訴訟の弁論に関する事項
（一二）重大犯人の捜査上著しき支障を生じ其の不検挙に依り社会の不安を惹起するが如き事

項
（一三）官公署若は陸海軍の名誉を毀損するものと認むる事項
（一四）財界を撹乱し其の他人心に著しき衝動を興ふる虞ありと認むる事項特に主要穀物の予想収穫高等に付ては関係官署発表以前の事項
（一五）良俗を乱し社会風教上悪影響を及ぼす虞ありと認むる事項
（一六）其の他公安を害し風俗を壊乱する虞ありと認むる事項
（一七）放送禁止事項
（ロ）左の各号に該当する事項又は之と関連するものと認むる事項に付ては関係官署にその真否を確かめ事実に相違する場合は該当事項の放送を禁止し事実なるときは前項に照し処理するものとす
（一）帝室又は官廷事務に関するもの
（二）軍事又は外交に関する事項
（三）官庁事務に関する事項
（四）官界又は財界に於ける要人の身上に関する事項
（五）穀物の収穫予想に関する事項
（六）銀行の破綻其の他一般経済に重大なる影響ありと認むる事項(22)

ただ、放送というものは、本来の娯楽性を無視し、極端な政治放送になると聴取者獲得の面で不利であり、「ラジオを聴かせる」ことを考えなければならなかった。「より良き放送内容をより簡易な受信設備で出来るだけ多数の聴取者に聴かせること」という満洲国ラジオ放送事業の運営上の最終目的（第一章3満洲電信電話株式会社によるラジオ放送事業を参照）を完遂するためには、「良い放送内容」を作り出す努力が欠かせない。すなわち、番組編成では政治性だけではなく、文化性や娯楽性にも配慮を加えることが求められる。政治性を強調しながら、如何にしてラジオの面白さも失わずに聴取者に聞かせるかについて、放送者として考えなければならなかったのである。

満洲今日の放送客体が、如何なる文化の段階にあるかということと、それが複数民族の協和体をなしているということとを前提にするだけ忘れないならば、この二つの傾向から、どれを自分のものにしていくかという決意は、おのづからはっきりしてくるに違いない。（中略）重要なことは、全体国民を構成するひとりひとりが、その日々の生活の戦い、意識の戦いを終えて帰った肉体に、再び、力を興へ湧かすために、安息と休養と慰安と刺戟を提供してゆくこと。すべての放送は、まづ通俗的でなければならない。（中略）すべての放送は、同時に芸術的でなければならない。（中略）娯楽と時事と芸術と民族協和理念としての世界観と、満洲ラジオが、そのプログラムに盛り上げるべき、これは四つの使命となる。(23)

一見すると、放送内容の芸術性向上という話のようだが、金澤覚太郎の主眼は政治性と放送内容とを結びつけ、「通俗性と現実性と芸術性および世界観念をはっきり立てて」、そこから「協和民族の決意と勇気と規律が、現実行動の力として湧いてくる」ことにより、「ラジオを聴かせることから、ラジオをおのづから聴くまでに進化してくる」のを目指すということであった。

第三章　ニュース報道からみる満洲国のラジオと新聞

ここでは、新聞という伝統的メディアが存在していた満洲国でのラジオの位置付け、そして、両者の関係について考える。新聞を代表とする出版物は伝統的なメディアとして民衆に受け入れられていたが、ラジオと映画は満洲国の人々にとって斬新なメディアであった。こうした状況のなか、ラジオは如何にして新聞と共存していたのか、互いにどのような力関係であったのかを明らかにしたい

1　満洲国における報道統制機関——満洲国通信社、満洲電信電話株式会社と満洲弘報協会

ラジオが登場する前、日常の情報源として満洲でもっとも民衆に認知され、普及していたマス・メディアは言うまでもなく新聞であった。ラジオが普及しはじめ、徐々に民衆へ浸透していくにしたがい、新しい種類の情報源として新聞との関わりも次第に深くなった。伝える内容や形式からみると、ニュース、娯楽、文化などを主体として両者は共通している。しかし、文字が読めなくても、受信さえできれば情報伝達が可能となるラジオは新聞と異なる魅力を持っていた。

満洲国のニュース放送に関して、電々は以下のような認識を示していた。

満洲のニュースはAK（JOAK、東京中央放送局：引用者注）の中継ニュースを主とし満洲のニュースを従としている。このためニュースは全満各局ともこれを中継するが、AKニュース終了後は全満各放送局で独自の立場から国通ニュースを編輯、放送していたのであるが、国通ニュースは各放送局の所在地によって早い遅いがあり、またニュースに対する見解の相違に

よって放送する局と放送しない局があると言う不統一が生じるので、ニュースの弘報性に鑑み、満洲国関係のニュースの統制、一元化が必要となった[1]。

満洲国の初期のニュース放送は、日本からの中継放送を主とし、その後は各放送局が満洲国通信社のニュースを編集し、放送するという仕組みであった。満洲国通信社が成立当初、満洲国内の各新聞紙を統合管理するための機関とされていた。そのもっとも大きな機能は、新聞に載せるニュース情報の配給であった。ラジオ放送も「国通」から提供されたニュースを編成し、放送するという流れであり、各放送局の立場によってその内容が統一されていなかったが、ラジオと新聞を結びつけたのは満洲国通信社であったことが明白である。つまり、ニュースソースは一つだったのである。しかも、輿論統制を目的に設立された満洲国通信社と、宣伝機能が重視され、異民族の文化面における統合を目指すラジオは、事実上、関東軍の統制指導を受けていたので、少なくともニュース報道の面で同じ指導方針下におかれていたはずである。また、多民族への浸透を目指したラジオにとって、普及に加勢するという意味で、さまざまなコラムを設けて丹念に宣伝を行った新聞の力を無視することができなかった。したがって、新聞とラジオの関係を検討することも、満洲国のラジオ放送事業を研究する上で不可欠な作業となる。

ニュース報道は、ラジオ放送の一つの機能でしかないが、放送と新聞は情報源としての機能面でどのようなつながりがあるのか、同じ指導方針を受けていたとしても、なにが違うのかを明らかにすることで、満洲国でのラジオ放送の位置付けがより明確になるはずである。

満洲国の報道統制体制の形成との関連から満洲国通信社の誕生と発展の経緯を簡単にまとめておく。

満洲事変後、輿論統制の重要性を認識した関東軍は、新聞紙数の統制及びニュースソースの統制という二つの面で動き始めた。これに応じて作られたのが満洲国通信社（以下国通と略す）であった。一九三二年一〇月、満洲国通信社創立準備委員会が設置され、一ヶ月後の一一月一五日に関東軍幕僚会議でその設立の件が正式に承認された。そして、一二月一日をもって新京で設立された。

関東軍の指導下に成立した国通は「国家的新聞通信機関」であり、満洲国における新聞通信を統制し、「指導的立場」にあった。「第一は、対内通信（受信）の統制については、①電通、新聞連合社より供給されるニュースを統制し、さらにそれを満洲各地に発信する。②なるべく速やかに世界各国の代表通信社と連絡し、そとから入るニュースを受信し、それを取捨選択して満洲各地に発信する。第二は、対外通信（発信）の統制については、満洲各地のニュースを本社（設立予定の新通信社）に集中させ、それを統制して電通、新聞連合社に供給し、日本、中国内陸部、欧米各国に発信する」[2]という構造であった。

これとともに、「①国通に対する満洲国政府の指導と監督機関の確立、②満洲国政府と国通の法的関係の決定、所要経費の補助、③ニュースの対内外無線電信送受信の独占、広告に関する便宜、④満洲国政府関係機関のニュース収集に関する便宜」などと定められている[3]。

このように、ニュース報道における独占、強権的な機関が完成し、満洲国における新聞や放送の情報源は次第に国通の統制下に入るようになった。さらに新聞業界を浄化するために、一九三六年に満洲弘報協会が設立された。満洲弘報協会は、満洲国政府、満鉄、電々がそれぞれ出資し、設立された機関で、主な目的として、満洲国内の有力な新聞社を加盟させ、新聞界を統一管制することであった。当時国通傘下の新聞、通信社以外の通信社および新聞社も存在していたが、関東軍の言論機関に対する整理によってほとんど統合・買収され、消滅した。新聞は、ほぼ『満洲日日新聞』系統（協会加盟の日本語、英語、ロシア語新聞を網羅）および『大同報』系統（協会加盟の中国語、朝鮮語新聞を網羅）の二大系列にまとめられた。

2　日本における新聞とラジオの競合と共存

ラジオの誕生は日本の新聞発展史上、当初は存立の危機に直面したと見られていた。瞬時にニュースを各地に設置してある受信機を通じて全国に届けるラジオは、同じく一秒も早くニュースを伝えたい新聞社から見れば、当然脅威を感じる相手であった。日本における新聞とラジオの歴史をたどると、対立から共存への関係が見えてくる。一九二〇年代に登場したラジオに対して、新聞は当初、競争相手として見なし、ラジオ放送の発展を制約する動きや、謀略的政策を打ち出した。しかし結局、ニュースの速報性では到底ラジオの相手にならない事実を認識し、ラジオと共存するために互いに利用し始めるようになった。

日本の新聞社がラジオの驚異的な威力に気づかせられたのは、満洲事変であった。事変に関する最初の情報は翌日十九日に日本に届いた。朝日新聞をはじめいくつかの新聞社はかろうじて最終版に記事を載せることで対応ができたが、ラジオは早くもその日の朝からラジオ体操の時間をつぶして臨時ニュースとして放送した。新聞社に対して相当なダメージを与えたこの事件をきっかけに、日本の新聞社はラジオのニュース放送を遅らせようと、いくつか戦略を練ったが、結局、一九三六年の二・二六事件で再び惨敗した。

二・二六事件で政府は戒厳体制を敷き、新聞の取材も制約された。しかし、ラジオは戒厳司令部の命令で司令部のなかに放送機材を設置し、司令部の発表がすべてそこから発せられた。新聞社は身動き取れない状態となり、ラジオ放送に先行を許し、傍観するよりほかはなかった。当時、戒厳司令部に置かれた記者クラブに属していた東京日日新聞の記者石橋恒喜は、「やはり速報性においては、新聞は放送にはとてもかなわんなと思いました」と述べている。この事件は、ラジオに対する制限に執着していた新聞人に自らの立場の再考を促した。ところが「ラジオ脅威論」を唱えた各新聞社だったが、その時期の販売部数を実は伸ばしていたのである。その理由は、ラジオの存在を抹消できないと判断した新聞社は、ラジオと競い合うと同時に、ラジオと共存するためのさまざまな試みも行ったからである。たとえば新聞の紙面に「ラジオ欄、号外の写真グラフ化、体育大会のラジオ中継など」を掲載しはじめたのである(4)。

これらの試みには一つの共通点が見られる。すなわち、ラジオの瞬時性・速報性という特徴を活かしつつ、それだけでは情報伝達のメディアとして不足する情報量の補足および充実を図ったのである。新聞に掲載していたラジオ欄には、単に番組表だけではなく、番組内容や出演者の紹介も含まれていた。これらは聴取者がラジオを聴く前の予備知識となり、とくに受信機の機能が完璧ではなかった時代、電波の影響で放送内容が聞きづらいといった頻発問題の解決法にもなった。一方、グラフ写真もラジオ放送ではできない機能だった。つまりニュースの視覚化である。ニュースの速報性ではラジオに負けた新聞にとって、テレビ技術がまだ実用化されていないその時代、音声メディアであるラジオが到底伝えられない写真などを利用した、このニュースの視覚化は切り札であった。そして、新聞社主催の野球大会のラジオ中継というのは、ラジオがリアルタイムのスポーツ観戦の楽しみをもたらす一方で、新聞が関連記事も掲載するという伝統メディアと新興メディアのコラボレーションで、より充実した情報を提供するようになった。以上のようにさまざまな試みが行われながら、ラジオと新聞は共存共栄の道を開き、両者は対立から、協力相手に転換していった。

3　満洲国における新聞とラジオの連携

では、満洲国のラジオと新聞は、対立する時期があったのか。満洲国のラジオ放送は発展時期を言えば、ほぼ日本のそれと同じであった。そして、ラジオ放送の運営や形態などは、日本の強い影響下にあったことも第一章と第二章で示した通りである。しかし、前節で述べたように、満洲国では新聞とラジオは等しくニュースソースの統制で国通によって結ばれ、競争関係にはなっていなかった。では満洲国のラジオは新聞とどう融合していたのか。以下満洲国の報道放送の一面を検討してみたい。

考察にあたり、第二章でも示した電々の社史による「満洲国重大ニュース放送年表」から一〇件の事件に注目し、ラジオニュースと新聞記事を比較してみたい。

①　一九三六年三月二五日　満ソ国境長嶺子にて日満軍ソ連軍接戦
②　一九三六年三月二九日　満蒙国境ボイル湖附近に日満外蒙両軍衝突
③　一九三六年六月一〇日　治外法権一部撤廃に関する条約調印
④　一九三七年六月三〇日　乾岔子島事件
⑤　一九三七年一二月二日　満洲国、フランコ政権相互承認
⑥　一九三八年二月二〇日　ヒトラー大統領満洲国承認講話
⑦　一九三八年七月一二日　張鼓峰事件勃発
⑧　一九三九年一月九日　ハンガリー満洲国承認
⑨　一九三九年五月一一日　ノモンハン事件勃発
⑩　一九三九年六月二七日　ソ連機二百機とボイル湖で空中戦

この一〇項目ニュースの放送時期に基づき、『満洲日日新聞』での報道は以下の通りであった。

①　一九三六年三月二六日　ゲ・ペ・ウの射撃に　我方も応戦交戦中
②　一九三六年三月三一日　外蒙二機また越境　国境監視隊を爆撃
③　一九三六年六月一〇日　治外法権一部撤廃　日満条約調印の儀

④　一九三七年七月一日　不法挑戦のソ連艦艇を撃沈
⑤　一九三七年一二月二日　フランコ政権承認　今日午後声明書発表
⑥　一九三八年二月二二日　ドイツ、満洲国を承認
⑦　一九三八年七月一五日　ソ連の不法挑戦
⑧　一九三九年一月一二日　防共陣接近の一歩　洪国の満洲国承認の意義
⑨　一九三九年五月一二日　潰走の敵九ヶ師捕捉　江北に展く殲滅戦
⑩　一九三九年六月二八日　蠢動の策源地を衝く

以上のように、ラジオのニュース放送はリアルタイムに事件に対応しているのに対し、新聞はほとんど二、三日遅れて報道していた。新聞記事の冒頭に示されたニュースソースは次のとおりである。

①　吉林特電二十五日発
②　新京電話
③　日日新聞社
④　関東軍発表
⑤　東京一日発国通
⑥　ベルリン二十日発国通

⑦　外務局発表
⑧　ブダペスト十日発国通
⑨　○○《(ママ)》十一日発国通
⑩　○○《(ママ)》基地二十七日発国通

これらのニュース報道は、ソ満間の偶発的な軍事衝突に関するものが多いが、ニュースの速報性では当然ラジオのほうがリードしていたが、③、⑤のような、あらかじめ日程がわかっているできごとに関しては、報道のタイムラグはほとんどなかった。ラジオと新聞はそれぞれ異なる報道の特質を有しており、それぞれの特質を活かした報道体制になっていたと考えられる。満洲国では、この章の最初で紹介したように、単一で強力な新聞統制体制が機能した結果、各新聞社は購読者の獲得や生き残りの競争にさらされておらず、日本語紙であれば満洲日日新聞系列、中国語紙であれば大同報系列のように住み分けていた。一方、ラジオ放送は一九三七年以前、聴取者人数がわずかだったこともあり、新聞と競い合うことなく、両者は分業の形をとり、新聞統制システムの一部になっていた。

日本のような「ラジオ脅威論」が満洲国には存在しなかった理由は、メディア競争が希薄な環境において、ラジオは新聞に影響を与えるほど実力を備えていなかったと見ることができる。第一章で示したデータから分かるように、一九三六年まで、ラジオ受信機の販売台数は、大連を含めてわずか七千にも達していない程度であった。そしてこの時期は、すでに日本ではラジオを脅威的な存在としてみる時期が終わりかけ、新聞社もラジオを利用できる新興メディアとしてとらえ直していた。こうした背景のなかで聴取者への普及が順調に進んでいなかった満洲国ではラジオは新聞にとって競争相手ではなく、逆に新聞の発展を促す補完的な立場にあった。一九三七年から、満洲国の日日新聞系統の紙面に、ラジオ欄が大きいスペースを取り始めたこともそれを証明している。

満洲国のメディア環境は新聞とラジオがそれぞれに独立するメディアとして発展させることを許していなかった。対内、対外の通信、ニュース配給が規制されていた満洲国にあって、新聞にとって、ラジオはむしろ同じ機能を有する性格の違う兄弟にすぎなかったかもしれない。そして、その兄弟もまた幼く、弱く、自力で独り立ちできなかっただけに、手を組むしかなかったのである。それゆえ、前述の新聞とラジオが分業によってニュースの配給を図る体制ができていたのではないだろうか。

以上、満洲国における新聞とラジオの関係を検討してきたが、新聞の読者とラジオの聴取者からみれば、両者はどういう関係に見えたのだろう。また、それぞれのメディアになにを求めていたのであろう。

満洲国のラジオが勢いをつけて勢力範囲を拡大し始めたのは一九三七年からである。その前年は受信機の販売台数がわずか数千台に過ぎなかったのに対して、一九三七年の受信機販売台数が急に四万五千台にのぼった。聴取者獲得数も前年の倍以上になっている。発展の要因として、電々が自社開発した低価格受信機の登場がもっとも考えられると第一章で述べたが、電々型受信機の成功は、低価格であった以外に、ほかに原因はなかったのだろうか。

電々型受信機が登場し始めたのは一九三六年であった。しかし、その年の販売台数は一万を越えていない。翌一九三七年になると、販売台数が三倍強に増加した。一九三七年の次に受信機販売台数が倍増したのは一九三九年である。前の年の五万台から十万台までに増えた。一方、聴取者数をみれば、一九三七年は四万人から九万人弱、一九三九年は十二万から二十二万と大幅に伸びていた。一九三九年以降も増加する一方であったが、飛躍的な人数増加は見られなかった（「第一章 4 聴取者数からみる満洲国のラジオ放送事業」参照）。以上の数字から、一九三七年と一九三九年は満洲国のラジオ普及事業の飛躍ということから重要な年であったと言えよう。言い換えれば、この二つの年は聴取者にとって大いにラジオが必要であったのだ。

前に列挙した重大ニュース十項目のうち、一九三七年と一九三九年に該当する項目は以下の五つである。

④ 一九三七年七月六月三〇日　乾岔子島事件
⑤ 一九三七年一二月二日　満洲国、フランコ政権相互承認
⑧ 一九三九年一月九日　ハンガリー満洲国承認
⑨ 一九三九年五月一一日　ノモンハン事件勃発
⑩ 一九三九年六月二七日　ソ連機二百機とボイル湖で空中戦

ここにあげていないが、ラジオのほうは、一九三七年七月七日に起きた盧溝橋事件に関してさかんに放送を行ったのに対して、新聞のほうはやはりすぐに対応できず、二日遅れて、七月九日に「支那軍我に挑戦・日支両軍交戦」というタイトルで初めて事件について報道した。以上の項目と合わせて見れば、ラジオを通して放送されたこれらのニュースはおもに日中戦争とノモンハン事件に関するものであることがはっきりしている。盧溝橋事件によって初めて大衆に知られたラジオの威力は、速報性であり、大衆の情報に対する需要を満たすことに関して、ラジオは新聞より早いということになる。新聞の速報性はラジオに敵わないものの、情報の具現化と分析はラジオより優れている。しかし、大衆の情報に対する需要のプロセスとは、まず好奇心から発するものであり、速報性で優れているラジオは、決定的な魅力を持つことになる。

一九三七年の日中戦争と一九三九年のノモンハン事件でラジオ受信機の販売台数が大幅に増えたことは、大衆の需要は情報量や情報の深さより、速報性にあったことを示している。日本でも同じ傾向であったが、一九四二年、満洲国のラジオ聴取者数は十万人以上に達した。これは言うまでもなく、大衆の大平洋戦争の情報に対する渇望からきた結果である。ビッグニュースが出るたびに、ラジオの普及効果が高まった。これはこの時代のすべての国に見られた傾向かもしれないが、新聞と並行し、情報伝達のメディアとしてラジオは大衆に求められていたと言える。なお、前述したように、満洲国では新聞とラジオは同じ統制システム下のメディア構成であり、競合していない。むしろ、ラジオの威力を十分に発揮するために、ラジオに有利なニュース報道の配給政策を組んでいたのではないかと考えられる。そしてメディア統制の政策上の期待と大衆の情報の需要が同時に作用して、満洲国ラジオは三回の飛躍的な普及を見せたのである。

4　戦争報道における新聞とラジオの格差

ニュース報道などから満洲国のラジオは当初の弱小勢力から、戦争や事件が起きるたびに次第に速報性の優位が明らかになってきた。太平洋戦争の勃発は、満洲国のラジオ聴取者を急増させる大きな事件になったと同時に、ニュース報道におけるラジオと新聞の地位を逆転させる分岐点となったと見て良いであろう。言うまでもなく、速報性に関してはラジオのほうが遥かに新聞を凌駕していた。そして、情報量に関しても、中継、時局編成などの番組を編み出し、朝夕刊二回しか出せなかった新聞よりかなり優勢になっていた。さらに、戦争が深刻化していくにつれ、とくに太平洋戦争の末期にあたる一九四四年、一九四五年頃になると、満洲国の新聞発行は紙などの不足により、その影響力は大幅に弱まっていった。『満洲日日新聞』は一九四四年五月に『満洲新聞』と合併し、その翌年に廃刊となったように、戦争末期の新聞は発行自体を維持するだけでも精一杯であった。それに比べて、ラジオは戦争報道に対応するため、報道中心主義という方針を打ち出し、ほかの放送番組より、ニュース放送に重きを置く政策を決めた。この節では、現存する満洲国ラジオ放送録音盤の目録に基づいて、戦争に関係するニュースや報道、講演などについて新聞と比較しながらラジオ放送の実態を検証していく。

太平洋戦争が勃発した一九四一年一二月八日からの十数日間、満洲国のすべての受信機から、戦争に関するニュースが数多く流れた。それらの内容を日ごとにまとめると、おおよそ次のようになる。

一九四一・一二・八　東條英機講話　必ず米英に勝つ／対米英宣戦布告など／ニュース　アメリカニューヨーク市は、市内すべての日本人の職業、住所を登録した

一九四一・一二・九　ニュース　アメリカ政府は本土とハワイにて七三六名の日本人を逮捕した／アメリカ対日本宣戦布告など

一九四一・一二・一〇　海軍省から山本五十六への祝電など

一九四一・一二・一一　戦況に関する報道

一九四一・一二・一九　アメリカの太平洋艦隊が全滅／南京政府汪精衛政権は日本を支持する立場を国民に公表(5)

八日の一日だけでも五〇件以上のニュース項目が電波を通じて聴取者に伝えられたのである。翌九日も、ほぼ同じ量のニュースが放送された。この情報量と速報性は、新聞には到底なしえなかった。また、たとえば宣戦布告、大本営発表などは、リアルタイムに聴取者の耳に届き、臨場感、緊張感、さらに高揚感をもたらしたに違いない。このようなニュース報道は、満洲国にいた数多くの

人たちを遠く太平洋の上空に連れて行った。太平洋戦争の勃発から、満洲国のこういった戦時ニュースは随時、常時の放送を遮って放送されていた。

これに比べて、新聞のほうはどうであったろうか。一九四一年の時点で、毎日夕刊を発行し、一〇面ほどの紙面で発行していた『満洲日日新聞』は、限りある紙面のなかでニュースを多く取り上げようとしていた。たとえば一九四一年一二月九日の新聞では、一面と二面を使って真珠湾攻撃のニュースを載せたが、それでも限られた数で、しかも宣戦布告、政府声明などの、公文的なものが多かった。具体的には、次の通りだった。

『満洲日日新聞』昭和一六年一二月九日　夕刊

一面

・帝国、米英に宣戦布告　臨時会議、一五日招集
・宣戦布告に関する詔書
・開戦理由五箇条
・帝国政府声明
・米英、損害激甚　敵性放送局一斉悲鳴
・マライ半島に敵前上陸　大挙・ハワイ猛襲

二面

・いまぞ百年の恨み　壮絶・ホノルル空襲
・瞬間・凍結する表情　沈痛、在奉米総理事
・歴史的一声　断の決意　発表の瞬間
・日本栄光の日　ラム領事　首途への祝意

満洲国の新聞とラジオのニュース報道における棲み分けは、いくつかの基準に基づいていた。一つ、戦争に関する報道には、速報を目指さなければならないので、ラジオのほうはできるだけ時間性を重視し、事件直後にニュースの放送を行う。これらのニュース放送は満洲現地で編輯したもの以外に、絶対的な数を占めていたのは中継ニュースであった。つまり、戦時ニュースの放送に関しては、満洲国と日本とはさほど差がなかったのである。これらのニュース放送は、事態の通知である。二つ、新聞に掲載されるニュース記事は、コメント、評論などを含めて、満洲国の購読者に対して発信したものとなる。

この二点だけをみれば、ラジオは時間的に早いが、ニュースの中継放送が多いことと速報性を重視した上に内容を簡潔化させたことで、情報量が遥かに新聞に劣っているように思われる。しかし、ラジオにはまたこの欠陥を補う方法があった。

一九四一・一二・八　東條英機　米英への宣戦布告についての説明／張景恵　太平洋戦争の勃発に関する動員

一九四一・一二・一一　ヒットラー　ドイツ国会における講演
一九四一・一二・二〇　満洲国国務院弘報処処長武藤富男　対日講話　大東亜戦争と満洲国
一九四一・一二・三〇　梅津美治郎　日満一徳一心、東亜聖戦の完遂に協力(6)

時間性を重視するラジオ放送には、リアルタイムの情報伝達以外に講演放送という放送形式を備えている。常時放送のなかの講演放送は、科学、文学、文化、健康などさまざまな分野にわたっているのに対して、戦争時の講演は言うまでもないが、総動員、事局訓話などの内容が多い。宣戦布告の講話、戦争動員の講話、大東亜戦争に関する講話、国民訓などは、太平洋戦争勃発してから、戦時ニュースと一緒に放送された。これらの内容は、戦時ニュースを補足しながら、電波が作った戦争の空間をより現実化し、聴取者に戦争をより実感させるのに大きな役割をはたしたといえる。とくに、中継ニュース中心の放送方針には、第二放送のニュース放送でも、そのまま日本語で中継しなければならないという問題があった。これに対して、政治家や重要人物による中国語の講演は、時事情報を国民に伝えることができるようになるほか、新聞と同じように、より深く時事を評論、解説することで、放送される事柄についての情報を充実させ、質を向上させることができる。

また、新聞の講演に関する情報量はあくまでも部分的であり、実際の情報量では、ラジオは遥かに新聞を凌駕していた。現存の録音盤の目録によれば、内容が判明している講演放送のうち、戦争に関する項目は次のようになっている。これらすべての内容を新聞に載せることはもちろん不可能であり、ラジオが情報量の面でも新聞を凌ぐメディアとなったことがうかがえる。

一九四一・一二・八　東條英機　米英への宣戦布告についての説明
一九四一・一二・八　張景恵　太平洋戦争の勃発に関する動員
一九四一・一二・一一　ヒットラー　ドイツ国会における講演
一九四一・一二・二〇　満洲国国務院弘報処処長武藤富男　大東亜戦争と満洲国
一九四一・一二・三〇　梅津美治郎　日満一徳一心、東亜聖戦の完遂に協力
一九四二・二・五　満洲国駐日本大使李紹庚　大東亜のために全力で戦う
一九四二・二・一六　張景恵　シンガポールの陥落について
一九四二・二・一六　東條英機　シンガポール占領の際に、東亜新秩序を建てる意義
一九四二・二・二七　宮内府大臣熙洽　軍民一心、大東亜の為に力を尽くす
一九四二・三・八　満洲国通信社社長森田久　大東亜戦争と北方鎮護
一九四二・五・九　中華民国南京政府宣伝部長林伯生　大東亜戦争を最後まで
一九四二・五・二三　東亜青年交歓大会卒業生徒代表　青年たちの東亜解放の使命
一九四二・五・二三　東亜青年交歓大会モンゴル代表　大東亜共栄圏に力を尽くすモンゴル青年
一九四二・五・二三　東亜青年交歓大会満洲国代表　東亜の永遠なる平和のために犠牲を惜しまず

一九四二・一二・二　汪精衛　太平洋戦争勃発一周年記念講演
一九四二・一二・七　興亜総本部代表高橋三吉大将　大東亜共栄圏という聖業の繁栄のために
一九四二・一二・八　中華民国新民会代表周華　講演　大東亜戦争一周年
一九四二・一二・八　日本文部大臣橋田邦彦　太平洋戦争一周年の際
一九四二・一二・九　三菱重工会社社長郷古三吉　大東亜戦争一周年と産業人
一九四二・一二・一一　閆達士　大東亜戦争一周年記念
一九四二・一二・三〇　満洲国駐日本大使王允卿　大東亜戦争の一年
一九四二・一二・三一　武部六藏　東亜聖戦の為に満洲国を代表して協力の意を表す
一九四二・日付不明　新京特別市長金名世　戦場で死んだ日軍のための悼詞
一九四三・三・七　関東軍報道部部長長谷川　日露戦争と大東亜戦争
一九四四・三・一　大東亜聖戦を積極的に支持する提案
一九四四・三・七　満洲国興農社「増産徹底、大東亜聖戦協力大会」発言
一九四四・五・一九　日本能率協会経営研究所処長佐藤傅衛　空襲下の工場秩序問題
一九四四・一〇・一九　満洲飛行機製造工場中島〇〇　決戦のためにたくさんの飛行機を作る
一九四四・一二・一二　三江省伊蘭国民高等学校校長劉宗漢　決戦下の教育の使命と実現方法
一九四四・一二・一七　新京錦丘女学校工麻文子　聖戦を支援する講話
一九四五・三・一二　国民勤労部大臣于鏡涛　戦時下の勤労奉公問題

一九四五・五・二四　満洲国大陸科学院副院長志方益三　大東亜戦争と満洲科学
一九四五・七・二五　張景恵　協和会議員は誠意をもって民政協和に尽力し、聖戦を支持するべき
一九四五・日付不明　日本某電話局高橋芳子　硫黄島に居る日軍兵士たちへの感激の言葉(7)

以上のように、本来、新聞がラジオより優れていると思われた時事に関する論評や情報補足的な報道は、ラジオの講演放送が各分野、社会階層まで及んでいて、その優位性を失っている。ニュース報道は満洲国のラジオ放送のなかの報道放送に分類されている。一方、講演放送は時事性が強かったが、教養放送とされていた。しかし、さまざまな人物による講演放送のうち、時事に対する説明、論評、民衆に対する呼びかけ、扇動は、報道放送として流されていたニュースと深い関係がある。上述した一九四一年一二月八日と九日のニュース放送と講演放送のリストをみれば分かるように、聴取者に発信されたのは、単なるニュースと講演ではなく、同じ事件、事実に関する、情報の伝達とその事件に関するイデオロギー的な意図が盛られた内容である。

これに関して、第二章2の最後に挙げた山根忠治の文章と対照してみれば、「国家的社会的利益の見地からニュースを取捨選択」、そして「社会意識に暗示を興へ、共同意識を形成し」、世論を導くという報道放送の方針は、ニュース放送と講演放送の連携によって実現されたと考えられる。とくに、戦時放送での図式は極めて単純であり、典型的である。本章の最後につけた「放送録音盤」よりリストアップした「5資料：時事ニュース」をみればわかるように、戦況ニュースが大量に放

送されるが、ほとんど敵軍を殲滅、戦地を占領、敵軍の降伏と撤退などであり、戦争の末期にあたる一九四四年でも、日本軍の全面的な窮地には一切触れず、「神風特攻隊の戦果」、「神風特攻隊はアメリカの石油船を撃沈」という鮮烈な朗報しかなかった。それに合わせるように講演放送は、「日満一徳一心」、「軍民一心、大東亜の為に力を尽くす」、「増産徹底、大東亜聖戦協力」、「戦時下の勤労奉公」といったテーマで日本と満洲国の一心同体と戦争に協力することを徹底的に強調していた。意図的に放送されたニュースは向かうところ敵なしといったイメージを作り出すことで世論を安定させ、その上に指導的な講話を利用し、満洲国への従属または支持を思想的に強化して、戦時協力を求めるという、戦時放送の典型的な機能が再現されていたのであろう。

聴取者たちはラジオを聴く時に、ニュースと講演を分類しない。聴取者からみれば、これらすべてがラジオを通じての情報収集であった。新聞では即時的に物事の進展を把握することができないので、このような情報は特に分別なく受け入れられやすかった。ということは、講演放送がたとえ教養的番組として組まれても、聴取者からみれば、場合によってそれは補足的な情報説明にもなりえた。だからこそ、戦争のような大事件が起きるたびに、ラジオの重要性が増大し、ラジオは大いに普及したのである。

一方、前述のように、戦争末期には、新聞の情報伝達的機能がほぼ停止する状況に追い込まれた。紙、インクなど資材不足などの理由で一九四四年五月に『満洲新聞』と合併した後、『満洲日日新聞』の紙面数がさらに減らされ、五面だけになった。当時の新聞、ラジオ、そして雑誌出版物などをみれば、「大東亜戦争」、「総動員」、「聖戦のため」などは、頻度の高い語彙となっているが、ラジオのほうは実戦を疑似体験させる機能を備えていた。現存の放送録音盤目録によると、一九四四年末から一九四五年終戦まで、満洲国のラジオから、不定期に次のような音声が流されていた。

・日軍護国特攻隊遠藤中尉の講話　戦闘前の遺言　・護国特攻隊牧野少佐の講話　最後の歌
・護国特攻隊瀬川少佐の講話　・護国特攻隊春田政昭の講話　・護国特攻隊宮田少佐の講話
・護国特攻隊山田千秋の講話　・護国特攻隊古川大佐の講話　・護国特攻隊三上少佐の講話
・護国特攻隊井上柳三少佐の講話　・護国特攻隊吉原香軍曹の講話
・護国特攻隊力石丈夫少佐の講話　・護国特攻隊伊福孝の講話　・護国特攻隊大河正明の講話
・護国特攻隊上村隆男軍曹の講話　詩・護国特攻隊石切山文少佐の講話
・護国特攻隊桜井美男の講話　・護国特攻隊荒木軍曹の講話　決戦参加の決心
・護国特攻隊小林勇少佐　出発前の家族への手紙　・護国特攻隊瓜田忠次　戦闘前の家族への言葉
・護国特攻隊河原軍曹の講話　前線の戦友へ送る励ます言葉

これらは特攻隊の兵士たちが飛行機に乗り、戦場へ赴く前に最後に残した言葉である。家族への言葉、自分を励ます言葉、そして歌などは、電波に乗り、切実な声となり、受信機に到達する。満洲国まで届いたこの音声は、戦争より激しい感情を伝えたかもしれない。音のなかに含まれているのは、雄大な理想でもかたい決心でもなかった、満洲国にいた人々にとっては、それは手の届かない場所でのどうしても知りたい、すぐにでも知りたい戦争の真実であった。戦争は末期になると、満洲国も窮地に陥った。資源不足、労働力不足、精神的な重圧も人々の日々の生活にのしかかっていた。それらと対照的に、ラジオから頻繁に流されたのは猛々しく、雄々しい絶叫だった。
しかし、こういった絶叫は当時のラジオ放送にとって必要であり、発せなければならないものであった。資源不足によって衰弱化した新聞メディアに代わり、ラジオはなおさら力強く、効果的な宣伝道具としての役割を担わなければならなかった。筆者が作成した「6　資料:『満洲日日新聞』のラジオ放送に関する記事一覧」が示すように、一九四二年から専ら戦争に加担するラジオの属性を強調する「戦争とラジオ」、「戦う電気通信」などの記事もこの事実を裏付けている。この時期の満洲国では、世論を安定させるほか、日本と同じように戦争に向かうべきという一体感を構築することは不可欠であった。海の向う側から発せられた特攻隊員の声を聞いた瞬間、壮絶さ、悲惨さを感じたかもしれないが、日本の戦争体験との同一化が求められたのは事実である。その上、報道統制によって作られた「楽観的な戦況報道」を考えれば、これらは勝利への必要なる犠牲として強調された。

満洲国のラジオと新聞は、ニュース報道を通じて、最初の対等、分業的な役割から、徐々にラジオが優位に立ち、戦争報道で強い威力を発揮した。放送側の報道方針が実行され、大きい役割を果たしたと言える。国通によって新聞をニュース報道の主なメディアに、ラジオは補助的に使われたのが初期であった。しかしその後、ラジオは新聞と分業して事件報道を通じて勢力を拡大させ、戦時報道においては圧倒的な優位に立つようになったのである。ここで筆者が調査した「放送録音盤目録」よりまとめた「時事ニュース」のリストと、「『満洲日日新聞』のラジオ放送に関する記事一覧」を附して、研究資料としたい。

5　資料：時事ニュース(8)

中国吉林省档案館に保存されている満洲国ラジオ放送の録音盤は、電々が保存資料として制作し、そのまま中国東北に残されたと考えられる、満洲国のラジオ放送を研究するに大変貴重な一次音声資料である。しかし、諸事情によって、現在は非公開の状態となり、それに対する調査も極めて難しく、先行研究でも、『戦争・ラジオ・記憶』に収録されている野村優夫の分類を紹介する解題しかなかった(9)。その実態を探るために、筆者は現地調査を行い、実際に音声を聞くことはできなかったが、幸いにその録音盤の目録を手に入れることができた。筆者の調査と分類整理によれば、録音盤目録のなかで、タイトルの内容が分かる項目は、時事ニュース八七項目、中継ニュース三一項目、講話二一九項目、座談対談三七項目、実況録音八七項目、対重慶放送四項目、となっている。本書でも必要に応じてリストアップして資料として使っている。以下はその一部である。

一九四二・三・八　戦況報道　日本海軍はインドネシアでアメリカ軍艦を撃沈
一九四二・三・二　戦況報道（日本）陸軍は海軍の協力のもと、ジャワ島に上陸
一九四二・三・八　陸軍はビルマ首都ヤンゴンを占領
一九四二・三・九　蘭印軍の無条件降伏に関する報道

一九四二・三・一一　日本陸軍からジャワにおける戦闘結果の報道
一九四二・三・一二　日本関東軍報道部長福山大佐の太平洋戦争に関する評論
一九四二・三・二六　日本軍はアンダマン諸島を占領、英軍は無条件降伏、アンダマン諸島概況
一九四二・四・一〇　海軍のインド洋における作戦結果の発表
一九四二・四・一八　防衛総司令部総参謀長小林浅三郎の全国民に対する講話　米軍最初の日本爆撃について
一九四二・四・一八　日本防衛部総司令部からの防衛措置に関する講話
一九四二・四・一八　陸軍のビルマでの戦況
一九四二・四・一八　陸軍のフィリピンでの戦況
一九四二・四・一八　米陸軍長官のパダンでの敗勢に対する講話
一九四二・四・一八　日本防衛総司令部総参謀長小林浅三郎の米軍爆撃に対する慰安講話
一九四二・四・一九　日本陸軍のインド洋での戦況
一九四二・四・二〇　ビルマ・ヤンゴンでの戦況
一九四二・四・二一　内務省大臣湯沢三千男講話　敵機の来襲に対して冷静に対応せよ
一九四二・四・二二　伊太利軍が英軍の潜水艦を撃沈した
一九四二・四・二三　防衛総司令部代表による爆撃対応措置に関する講話
一九四二・五・二　ビルマのマンダレーを日本陸軍が占領した報道

一九四二・五・一一	陸軍のビルマ全体における総戦況
一九四二・五・一四	日本陸海軍による米軍の日本爆撃に対する講話
一九四二・日付不明	フィリピンマニラ湾のコレヒドールの戦況発表
一九四二・五・一六	日本軍の中国雲南省爆撃に関する報道
一九四二・五・一六	フィリピンマニラ湾の戦況に関する報道
一九四二・五・二六	日本海軍省は海軍記念日の前に発表した　大東亜戦争以来の海軍の輝かしい戦績
一九四二・五・二八	ドイツはソ連のハルコフで重大な勝利を手に入れた報道
一九四二・六・七	日本陸軍の中国江蘇省、浙江省辺りの戦況報道
一九四二・六・七	日本陸軍航空部隊の開戦以来の戦果に対する評価
一九四二・六・七	日本駐タイ国大使講話　日タイ関係
一九四二・六・九	日本陸軍の中国江西、広東辺りの戦況報道
一九四二・六・九	日本軍のフィリピンのバシラン島占領に関する報道
一九四二・六・九	東條英機講話　開戦以来の戦況及現在の情勢について
一九四二・六・九	満洲国総理大臣講話　大東亜戦争について
一九四二・七・二一	シンガポール、香港の市政状況
一九四二・七・二二	ドイツ軍のソ連における戦況について
一九四二・七・二五	日本連合部隊司令長官、海軍大将山本五十六　マレー海戦中英軍艦を撃

沈した海軍航空隊への祝電

一九四二・七・二六　日本軍の中国及びマレー半島における戦況

一九四二・七・日時不明　ドイツ軍のソ連東部における戦況、スターリングラード周辺におけるソ連軍の戦況

一九四二・七・日時不明　日本支那派遣軍総司令官陸軍大将畑俊六の講話　南方戦線の戦況について

一九四二・七・日時不明　エジプトから英軍が撤退するニュース

一九四二・七・日時不明　ドイツ軍はレニングラードでソ連軍を破る

一九四二・七・日時不明　伊太利はエジプト及びその港を占領

一九四二・九・二五　日本海軍は大西洋へ発進

一九四三・二・一五　日本海軍はシンガポール附近の海上で英軍の艦隊を痛撃

一九四三・三・一三　イリアン島における戦況

一九四四・三・一五　ドイツから満洲国への国際放送　米英のドイツ爆撃について

一九四四・八・二四　従軍記者大澤が話す日本航空隊の状況

一九四四・一一・二二　ドイツから満洲国への放送　ドイツ軍の戦闘決意（衣奈多喜男放送）

一九四四・一一・二二　ドイツから満洲国への放送　ドイツ軍の決戦決心

一九四四・一一・二四　ドイツ軍の戦況

一九四四・一二・一　神風特攻隊の戦果

一九四四・一二・七　日本軍航空隊再びマリアナ諸島のサイパン島及ディニアン島を攻撃
一九四四・一二・一一　神風特攻隊はアメリカの石油船を撃沈
一九四四・日付不明　日本軍の中国山西及びモンゴルでの戦況
一九四五・一・六　関東軍報道員評論　大東亜戦争決戦時の満洲国の運命
一九四五・一・一五　満洲国国務院弘報処参事官庄開永　米英と日本の軍事力格差から太平洋戦局へ
一九四五・二・二一　ドイツベルリン放送局　ドイツ国民突撃隊について

6　資料：『満洲日日新聞』のラジオ放送に関する記事一覧

新聞とラジオの関係を考察するには、新聞に載せられたラジオに関するニュースや、記事などをリストアップすることは不可欠な作業である。これからの研究に材料を提示するために、以下筆者が『満洲日日新聞』（一九三五年八月までは『満洲日報』、その後は『満洲日日新聞』）に対する調査で手に入れた、ラジオ事業や、ラジオ番組に関する記事を資料として添付する（一九三二年〜一九三八年、一九四一年〜一九四三年）。資料の保存状況と調査記入の遺漏があるので、必ずしもラジオに関する記事をすべて網羅したとは限らない。また主要な新聞記事に留まっており、番組表は含まれていない。

満洲日日新聞　放送関係記事一覧

一九三二年

五月二五日　内地中継に短波使用、奉天放送局が準備中
五月二一日　今夜ＪＱＡＫから「五月祭のゆふべ」讃ふ女性の祭
五月二二日　建国精神宣伝　奉天の放送局
六月一五日　日満間短波長連絡放送
六月一七日　實満野球戦中継放送（奉）
六月三〇日　ＪＱＡＫ子供の時間
七月一九日　明石潮一座　ラジオ放送（ラジオドラマ）
七月二一日　放送協会の理事来満
七月三〇日　婦人社員のラジオ体操
八月二六日　柳條溝から放送
九月一日　巡回文庫とラジオで慰める
一〇月一三日　新京放送局新設に日本放送協会は無関係
一一月一日　ラジオ等と材料　輸入は自由
一一月二〇日　大連奉天で中継放送
一一月二二日　松岡代表放送

一一月二六日　南京の怪放送に
一一月二七日　南京怪放送の女性アナの身許
一二月一日　続く怪放送　今度は男性の声
一二月六日　壮年の健康増進　第二ラジオ体操
一二月六日　顔恵慶の対米放送
一二月七日　大陸に近い地には大放送局主義確立
一二月八日　家庭主婦も参加　ラジオ体操演習
一二月九日　ラジオ体操　講習会始まる
一二月一五日　戸外デー放送　全満的にやる
一二月一八日　全満戸外デー打ち合わせ会議

一九三三年

一月一〇日　小磯参謀長の対日放送
一月二一日　戸外デーの第一声
二月六日　満洲国のラジオ計画
二月一七日　建国記念放送
二月二二日　日満交換放送
三月一日　実戦放送（熱河戦場から中継放送）

三月二一日　新京、チチハル放送局設置
三月二九日　熱河討伐の苦心放送
四月三日　放送局への希望（聴衆者からの投稿）
四月一六日　満洲国ラジオファンに漸く恵みの訪れ
四月二二日　新京放送局は明日から開始
四月二六日　新京放送局建設でラジオ放送を統制
五月五日　満洲上海に招魂式の儀典をＡＫが放送
五月一〇日　ラジオ放送で国民教育を
六月二日　ラジオ料を徴収
六月三日　電信電話会社　設立と使命
六月四日　満洲電信電話株式会社設立機構内定
六月五日　満洲電信電話株式会社定款案（一）
六月六日　満洲電信電話株式会社定款案（二）
六月七日　満洲電信電話株式会社定款案（三）
六月九日　満洲電信電話株式会社定款案（四）
六月一六日　太平洋を中心に電波の争覇戦
六月二五日　建国記念運動の実況放送
　　　　　　電々に伴ふ関東庁官制改正

七月九日　ＪＱＡＫの楽屋噺
七月一八日　大連神社広場でラジオ体操
八月六日　早起ラジオ体操場
八月一五日　夜は記念放送と日満学童交歓会
八月三一日　熱河奉天の間無線網充実
九月一日　電々五カ年計画案
九月一二日　ラジオ聴取料が安くなりませんか
一〇月二一日　双橋無電放送権
一二月三日　ニュース、音楽が自動車で聞ける
一二月二八日　電気通信事業の現在と将来
一二月二九日　皇太子誕生奉祝放送プロ

一九三四年

一月一〇日　珍二重放送
一月一八日　吉奴豊太郎　今夜放送
一月二〇日　ラジオドラマ　寝臺車
二月一四日　ラジオ奉祝週間
二月二四日　空の祝辞放送
二月二四日　車内ラジオ

三月二九日　東洋のアンテナを奉天放送局が征服
四月四日　電々の施設を見る（一）
四月五日　電々の施設を見る（二）
四月七日　電々の施設を見る（三）
四月八日　電々の施設を見る（四）
四月一〇日　電々の施設を見る（五）
四月一四日　在監囚も朗らか毎朝ラジオ体操
四月二四日　極東諸国と交換放送
五月一〇日　ラジオ相談欄
六月六日　感激の実況放送（ＪＱＡＫ）
七月五日　米国独立祭記念放送
七月二一日　放送異聞
七月二七日　満洲全土のラジオ網　まだ低い文化の水準
七月二七日　近く面目一新する満洲の放送設備　新京の完成に続き大連一キロ
七月二八日　新京放送局の百キロ機見事に完成
八月一日　プログラムも満人向けに
八月一日　ＪＱＡＫの新人放送者テスト
八月二日　経済市況を中継　大連

八月三日　満洲国の新しい「耳と口」(上)
八月四日　満洲国の新しい「耳と口」(下)
八月二五日　放送時間を延長　各国人向けに割り当てて
八月二九日　電々会社の予算
九月一日　大連放送局のサービス向上努力週間
九月一一日　満洲でも聴取料
九月一二日　ラジオの聴取料　内容充実してからにせよ　囂々たる非難起る
九月二二日　ラジオ相談　ラジオの買い方
一〇月五日　大演習を放送
一〇月二五日　問題のラジオ聴取料　十一月一日から聴取する
一〇月二九日　ラジオ　満洲の文化向上に重要なる役割
一〇月三〇日　簡単なセットで満洲内は聴ける
一〇月三一日　ＭＴＣＹの放送　東洋一の威容完備す
一一月一日　満洲国の明日を誇る　緊張する新京放送局
一一月一日　ラジオを利用して全満にアピール　新民族精神
一一月一日　東洋の空　征服へ　華しい首途
一一月二日　満洲で初放送　よう琴独奏
一一月八日　ラジオ無届け聴取者　懸賞付きで勧誘

一一月九日　早くもラジオの集金詐欺漢
一一月一四日　修繕と欺いて　ラジオ機詐取
一一月一六日　ラジオ機詐欺の犯人逮捕
一一月二五日　新省制実施に日満交換放送
一一月二九日　無電による満仏握手　国際場に踏み出す
一二月三日　三千万の民衆を　ラジオで教育　「国民の時間」
一二月四日　旗人の音楽放送
一二月六日　国際電波合戦　新京百キロに妨害
一二月一一日　なかなか解けぬ　怪電波の謎　発信地矢張り上海
一二月一六日　新京の二重放送　新春から開始する
一二月二一日　南京の妨害放送　日本で調節斡旋
一二月二一日　皇太子第一回誕生奉祝記念　少男少女ラジオ大会
一二月二一日　日英国際放送につき　クリスマスの夕

一九三五年
一月二日　南軍司令官ラジオ講演
一月一七日　満語で経済市況放送
二月四日　南将軍の獅子吼

二月一六日　満洲国皇帝満寿節を寿ぐ　日満交換放送
二月二三日　日伊交換放送　大連放送局でも中に
二月二三日　日満新体操　民族協和の麗しき精神を讃へる
三月一日　満洲国建国祝賀交換放送
三月八日　陸軍記念日の演習　ラジオで実況放送
三月二〇日　北鉄接収記念に全満へ祝賀放送
三月二六日　水口薇陽氏が「桐一葉」放送
三月三一日　八万円を投じ諸施設を拡充　電々会社新起業計画
四月二日　満洲国とフランス　無電で握手
四月一八日　ラジオの加入者　四百名を招待
四月二四日　大連放送局第二回座談会
四月二五日　マイクを通じて桜の旅順を紹介
四月二七日　旅順検番総動員で祝ふ桜や国のはな　花の夕べ放送大成功
五月一二日　本祭奉納演芸を電波で全満
五月一六日　大連放送局第三回座談会
五月一七日　建国体操を新京から放送
五月二八日　今日の対日放送「満洲の夕」解説
六月二日　防空思想徹底にラジオ放送

六月四日　招魂祭スペシャル　本極り決定の余興放送プロ
六月二一日　国境ラジオの夕　安東を内外に宣伝
六月二二日　三キロ放送に改造　有線連絡の二重放送をも計画　奉天放送局
六月二三日　建国体操の講習　新京で各官署代表
七月七日　奉天放送局近く　三キロ放送へ
七月一〇日　タクシーにラジオ　乗客サービスに新趣向
七月一〇日　全省各県公署にラジオ設置　文化向上を図る
八月一二日　電波に乗って我が代表の挨拶
八月二九日　新京パリ間無電協定成立
九月一三日　日、満両国の総理が電波で握手
九月一四日　無線中継放送の電波のお話
九月一五日　南司令官の記念放送
九月一六日　奉天の防空時間　ラジオを通じて宣伝
九月二三日　モダーン放送局　愈よ年内には着工
一〇月四日　陸の「玄関」安東に　放送局設置を要望
一〇月七日　ラジオの国勢調査　盗聴者にも征失
一〇月一三日　電波の魅力　僻遠地にひろがる　ラジオ聴取者
一一月八日　百五十キロ完成へ

一一月一〇日　国際交換放送プロ決定
一一月二五日　安東放送局の新設に曙光　聴取者の増加を待つだけ
一二月八日　「お金のない」放送　プロの内容は如何?
一二月八日　電波に乗って　文化を送る
一二月二六日　初日の出　白玉山頂から実況放送
一二月二八日　送別氷上大会の実況を中継放送　奉天放送局の試み

一九三六年

二月三日　聴取券をめぐって　三巴ラジオ騒動　普及会社、ラジオ商組合の紛争　放送局にまで飛火
二月二六日　ラジオや小唄で「桜の安東」を宣伝
二月二九日　新京を経ないで大連でキャッチ　中継放送に新鋭機を備える
四月六日　怪電波を探究中
四月六日　日満協力して　大電力放送に着手
四月一九日　健康大連　ラジオ体操の復活
四月三〇日　ラジオ体操　昇る日に気を張って　あすから開始
五月七日　怪電波は　某国総領事館から
五月一六日　ラジオ聴取者一万突破　JQAK記念放送　懸賞で原稿募集

六月四日　毎日ラジオ体操　大連郵便局員　逓信精神を作興
六月二六日　日満　空の交通整理
七月一一日　待望の二重放送　十一月には開始
七月二一日　ラジオ聴取者　十五万を目指す
七月三一日　電々の安売りに　商人側が反対
八月二日　騒がしいラジオ
八月三日　ラジオ商人に　小売させる
八月八日　マイクを通じて　満洲国の国歌を普及
八月一四日　ラジオ　草分訪談
八月二五日　電波には電波で　ソ連の放送を圧倒
八月二八日　二重放送でアナ増員
八月三〇日　放送に、講演に、禁酒を宣伝
九月一六日　民族協和の夕　蒙古風景を放送
九月二七日　南満文化の先駆　雑音を蹴り飛ばす　一キロ放送
九月三〇日　数々の祝福放送
一〇月三日　二重放送テスト　毎日行っています
一〇月六日　ラジオ放送が　好く聞こえます
一〇月八日　ラジオ聴取に制限　内地直輸入機は待て　電気通信法

一〇月三一日　広告放送開始御挨拶
一一月三日　奉天、哈市の二重放送　一ヶ月延期か
一一月四日　催しの豪華陣　新設「ラジオ放送の夕」
一一月一五日　建国ラジオ体操　けふ全満一斉スタート
一一月一八日　電波にのる広告　放送局信者かりませう　聴取料値下の声
一一月二一日　新義州に放送局
一一月二五日　放送知識習得に　大連放送局見学
一二月二九日　電波に乗る　満洲の歳末風景

一九三七年

一月一〇日　廃物ラジオで詐欺
一月一四日　州庁全員がラジオ体操
一月一五日　ラジオ聴取者一年間に二倍強
一月一九日　国境安東の演芸放送
一月二一日　みな出席です　州庁のラジオ体操風景
一月二六日　ニュース放送　安東駅が三月から
二月七日　裸体体操を奨励
二月一四日　放送新人を募集

二月二八日　新京から中継　日本でも建国体操
三月六日　西村半旗氏放送局入り
三月七日　チチハル放送局　近く当局へ解説陳情
三月一〇日　ラジオ盗聴防止標語の懸賞募集
三月一九日　旅順においてラジオ放送（大連で中継）
四月九日　家庭の婦人でもラジオで呼びかける
四月一〇日　大連の二重放送は　八月頃実現する
四月一四日　大連の全市民をラジオ体操に動員
四月一五日　体操の十ヶ所決定
四月二四日　文化燈台として　各地ラジオ塔
四月二五日　冀東政府の対日放送を中継（大連）
五月三日　奉天放送局の新築本極り
五月一〇日　木遣と祭　囃る放送
五月一五日　学校基本体操を制定
五月二一日　今夏の防空演習にラジオを利用
五月二四日　試験放送は好成績　牡丹江
六月五日　奉天新築放送局紹介
六月六日　清津放送局　五日開局式

六月一七日　ラジオを通して　防空思想
七月三日　今次の防空演習について
七月八日　テスト好成績　満独交換放送
七月一一日　巧妙なラジオ詐欺
七月一二日　号外とラジオに集まる神経
七月二〇日　デマ電波を電々も爆撃
七月二〇日　満独を結ぶ　電波の握手
七月二一日　満独交換に対する張総理放送
七月二三日　躍進満洲国の姿を電波に乗せてドイツへ
七月二四日　交通事故をラジオで放送
七月三一日　わが国際放送　すばらしい反響
八月一八日　電波を通じて訓令や指示
九月九日　満洲人の間にラジオ普及が急務
九月一六日　州庁のラジオ体操
九月二六日　一般家庭用は四球　高級品先づ不必要
九月二六日　ビラとラジオで日本精神昂揚
九月二九日　支那の電波封鎖　デマ放送遂に粉砕
一〇月一三日　大連の二重放送　十一月から実施

一〇月一九日　安東局　放送開始記念プロ
一一月七日　ラジオを通じて民族協和の夕
一一月二一日　全満健康週をラジオで宣伝
一二月八日　電波に乗せる　国民の歓喜
一二月二六日　日満小国民　放送実演兒童大会

一九三八年
一月二〇日　戦況ニュースを列車内で放送
一月二六日　北満の三地に放送局を新設
一月二九日　童謡劇のワキ役で放送実演
二月二三日　錯綜するデマ（上）電波の世界戦争
二月二四日　錯綜するデマ（下）
二月二六日　日満支一体の祝賀放送　プロ決まる
三月一日　支那の怪放送を大連でグループをつくり盗聴　満人五十余名を検挙
三月三日　怪放送聴取者起訴は免れない　更に第三次検挙に特務総動員
三月二二日　満洲国放送陣を強化
四月九日　禁錮六ヶ月求刑　ラジオ盗聴事件公判
四月一五日　恒例のラジオ体操　十ヶ所で実施

四月二七日　電波に託して喜びを国民に伝ふ　新京で使節団の国際放送
五月一日　市民早起ラジオ体操今日から
六月八日　イタリアとの交換テスト
六月一〇日　感激漲る交換放送　昨夜新京とローマで
六月一三日　毎朝ラジオで体操　七月一日より全満一斉に開始
六月一九日　ラジオ聴取者から準備料金を聴取
六月二〇日　愈々海拉爾に放送局増設
六月二七日　大板上廟会にラジオ普及

一九三九年～一九四〇年欠け

一九四一年

二月五日　電波コンクール　公用文が口語化
二月一五日　満伊交換放送
二月一八日　放送文化について（上）
二月一九日　放送文化について（下）
二月二一日　満伊交換放送正式決定
三月一六日　獨と放送協定

三月二一日　対伊交換放送
三月二三日　放送新体制整備
三月二六日　放送番組を強化／放送時刻を改正
三月二九日　独逸と「電波」握手
六月二二日　放送プロに妙案入用
七月一九日　ラジオは届出ませう
八月三日　電波　使用語を制限
八月一三日　アンテナ一本で二重放送に成功
八月二八日　少国民の電波対談
八月三〇日　ラジオの防空知識講座
九月一五日　マイクの慶祝典
一二月一日　全国各地で放送話劇
一二月六日　「冬の感激」豪華放送
一二月八日　内地奉祝プロ
一二月一〇日　小林防衛総長講演
一二月二七日　電波で決戦新春

一九四二年

二月四日　音楽使節を日本へ
二月二六日　近代戦とラジオ（上）
二月二七日　近代戦とラジオ（下）
四月二四日　建国十周年民歌、童謡募集／戦争とラジオ①
四月二五日　戦争とラジオ②
四月二八日　戦争とラジオ③
四月二九日　戦争とラジオ④
五月二日　電波に乗る日満一徳一心
五月五日　聞こえる空の日本語
六月三〇日　思想戦と満洲放送①
七月二日　思想戦と満洲放送②
七月四日　思想戦と満洲放送③
七月一七日　音楽から民族探究
八月一日　実況放送　慶祝体育絵巻
八月七日　ラジオ受信機お見得
八月一四日　デマに酬ゆる弾丸
九月一五日　祝ひ歌ふ電波
九月二三日　満独、電波の交驩譜

九月二五日　けふは床しい中秋の明月
一〇月四日　選ばれた全満「声の選手」
一〇月七日　放送劇脚本募集
一〇月一三日　代用受信機も近く誕生
一〇月一四日　速やかに届出てよ　短波受信機
一〇月一六日　怪電波に躍る魔手
一一月二七日　電波で結ぶ　三國鉄の契
一二月一日　和やか交換放送
一二月三日　型破りラジオで挙式
一二月九日　溢れる必勝の闘魂
一二月一〇日　電波に結ぶ北と南の建設座談会
一二月一三日　中国の対満認識昂揚
一二月二七日　待望の五十万突破／建国体操の歌
一二月一一日　放送劇募集結果発表

一九四三年

一月一六日　満獨声の契り固し
二月一二日　満獨交驩放送

二月一三日　有線放送の実際（上）
二月一四日　有線放送の実際（中）
二月一六日　有線放送の実際（下）
二月二八日　建国の佳節壽ぐ電波
三月二三日　放送総局新設　電々機構改革
四月一日　放送時間も　決戦調へ
四月一三日　ヨイコの時間　十二日から放送
四月二二日　米英音楽を一掃せよ
四月二九日　電波の闇は消ゆ
五月四日　教職員へ教材放送
五月五日　公演評　新京放送劇団
五月七日　公演評　奉天協和劇団
五月九日　父の死を秘して　放送に挺身す
五月一二日　三宅本部長放送要旨
五月二二日　スイッチは切らずに
六月二〇日　電々事業の許可認可等も　在満現地機関に移譲決める
七月一日　建国体操で鍛えよ
七月五日　放送部門技能競練

七月一四日　国民奉祝の時間　午前九時／ラジオは必ず聴きませう
八月二七日　戦ふ電気通信　電信篇
八月二九日　戦ふ電気通信　放送篇
九月一一日　短波受信へ断
一〇月一日　必聴の「隣組新聞」
一〇月二日　放送者への横着さ
一〇月二九日　「報道の時間」の回数も増加
一一月九日　行はん天下の大義（対外放送）
一一月一二日　満系女学生の全満放送大会
一一月二一日　電波も完勝

第四章　ラジオドラマ

ここでは、娯楽放送という分類を取りあげ、聴取側に大いに期待された劇放送に視点を置く。当時のラジオ放送には、音楽放送、スポーツ試合などの実況放送、そして伝統劇、ラジオ小説・ラジオドラマを取り入れた劇放送がもっとも娯楽性のある番組であり、聴取側の人気を集めた。そのなかで劇放送は一番期待されていたことを、電々がアンケート調査の結果を通して把握していた。しかし、劇放送は聴取側に好まれると同時に、政治性を強調する指導と厳しい検閲を受けなければならなかった。そうした状況下における劇放送のジレンマと変容から、満洲国のラジオ放送の娯楽性と政治性について論じる。

1 ラジオドラマの登場と発展

ラジオドラマが満洲国に最初に登場したのは一九三七年前後である。大きな要因の一つは、当時の文化政策であった。この時期の満洲国は政治、経済、教育と文化各方面で政策調整が行われた。そのなかで、特に満洲の映画事業を統制管理する「株式会社満洲映画協会」(満映)、そして文化人の間の交流を目指す組織・文話会の設立が、満洲の文芸界に新たな活気をもたらした。このような背景の下、満洲の話劇界も一時期的な繁栄を迎えた。三大都市の新京、奉天、ハルビンで相継いで大きな話劇団が設立され、公演などの演劇活動を盛んにおこない、互いに交流や競争の関係を保ちつつ、満洲話劇界の発展を促した(1)。

話劇公演が盛んになっていること、そして民衆の話劇に対する興味や関心が高揚していることは、もちろん放送側の関心を喚起した。筆者の『大同報』に対する調査によれば、一九三八年後半から、毎晩七時以降、「放送話劇」(ラジオドラマ)という番組が、頻繁に出始めたことが明白となった。それは電々が当時、行ったアンケート調査の結果からも見て取れる。一九三八年一二月、電々は「満人聴取嗜好」というテーマでアンケート調査を行った。その結果、三大放送分類のうち、娯楽放送に興味を持つ人数がもっとも多く、全体の五一・六パーセントを占め、なかでも現代劇(二六・〇パーセント)が伝統劇(二二・八パーセント)を上回り、「もっとも聞きたい放送内容」となっている。(2) 当時の聴取者がラジオ放送を聞く主要な動機は娯楽のためであり、そのなかで演劇活動の繁栄期に便乗して出現したラジオドラマは伝統劇以上に聴取者の注目を集める放送番組となったのである。もちろん、放送側もこの傾向をいち早く察知したことはいうまでもない。一九三八年頃の満洲ではラジオドラマの黄金期が到来したといえる。

ラジオドラマの発展と繁栄にともない、さまざまな関連団体や機関も現れた。前述の文話会のほか、一九三九年一二月に設立された文芸協進会は、ラジオドラマと一番関連の近い機関だった。電々によって設立されたこの会は、中国語放送番組の内容充実化を主な目的とし、なかでも注目されたのがラジオドラマの脚本創作と番組作成であり、当時の文壇で活躍していた作家の山丁、呉郎なども会員となった。

文芸協進会の成立は、内容と政策面でラジオドラマの地位を強化した。さらに、一九四〇年三月、株式会社満洲演芸協会が新たに設立された。取締役社長は趙鵬第(元龍江省長)、取締役副社長は三浦義臣(前弘報協会理事)、常務取締役は道満謹吾(元新京中央放送局長)とし、満洲電信電話株式会社、満洲弘報協会、満洲映画協会が中心的、指導的な勢力となり、国策に即した演芸界の再編成を目指した。これによって放送、映画、弘報三者間の連携がいっそう緊密となり、特に演劇活動における満映と電々の連携がはかられ、文化政策面でラジオドラマの普及に加勢した。

もちろん、現代劇およびラジオドラマが重視された理由は、単に聴取側の嗜好に合わせたものではない。電々が実況中継という形で放送した「建国史断片」（一九三七年八月二九日）は、満洲国初期のラジオドラマの代表的なものであるが、この作品はタイトルが示すとおり、満洲国の建国物語であり、宣伝の目的があらわになっている。そして、満洲演芸協会が掲げた活動趣旨からもラジオドラマに寄せる期待の大きさがうかがえる。

満洲における演芸界を指導統制し、其の正常なる発達を促すと共に、辺陬の地に到るまで国民大衆に対して健全たる娯楽を与え以て演芸を通じ建国精神の普及徹底並びに文化の向上に資する。(3)

舞台演劇は劇場などの施設や関連スタッフを必要としたため、どうしても都市部に集中せざるを得なかったが、「辺陬の地に到るまで」届けるにはラジオドラマが恰好のメディアとなった。放送側のラジオドラマに対する注目は、民衆に好かれる娯楽番組の浸透力を利用し、空間的、物理的な障碍を乗り越え、満洲国の津々浦々まで電波に載せて、思想的指導および政治的宣伝の目的がはたせるからだった。このような期待が後に満洲のラジオドラマの発展方向に大きな制限をかけたが、ラジオドラマの発展を促進した側面も見逃すことができない。

2　ラジオドラマの分類と二つの創作形態

ラジオドラマの全貌を掴むために、筆者は一九三七年から一九四三年までの『大同報』および『盛京時報』を調査し、ラジオドラマに関する記事などを集めた。新聞に掲載され、紹介されたこれらのラジオドラマは、放送側にとって重要で宣伝の必要があると認識されたものであると同時に、比較的聴取者の注目も浴びたものであったと考えられる。これらのラジオドラマに関する文献資料を整理分析することは、一次資料であるラジオの音声（音源）がほとんど消失した現在、実行可能で、なおかつ現実的な考察方法であろう。

調査の結果、一九三八年に掲載されたラジオドラマの内容紹介記事は八件（八月から一二月まで）、一九三九年は三三件（一月から一二月）、一九四〇年は一五件（一月から一二月）であり、一九三八年八月以前と一九四一年以降の関連記事は極少数しかなかった、という状況が明らかになった。このような調査結果は、前文で述べた現代劇の繁栄期という文化的背景とも一致している。数量的にも一九三八年から一九四〇までの期間はラジオドラマの黄金期であったことを立証しているといえる。

これらの資料を読み進めていくと、当時のラジオドラマはその内容や形式に基づき、主に三種類に分類することができる。

まずは、各話劇団によって脚本が作られ、ラジオを通して放送されたオリジナル・ラジオドラマである。脚本は現地の作家によって書かれているが、形式的には朗読小説に近いものであった。二番目は既存の文学作品を脚色したラジオドラマである。コナン・ドイルの『シャーロック・ホームズ』、パール・バックの『大地』などは、こういう形でラジオドラマ化されたのである。

そして三つ目は、比較的特殊な類別となるが、満映の未上映、または上映中の映画を脚色し、ラジオドラマに作り直して放送したものである。この類別に属する作品はかなり少なく、筆者の調査で把握できたのは、一九三八年一一月五日に放送された「国法無私」、一九三九年一月三一日に放送された「冤魂復讐」、一九三九年二月六日の「四藩金蓮」、一九三八年一二月二日の「田園春光」、一九三九年九月九日の「黎明曙光」など、計七作であった。これらの作品は、話劇団所属のメンバーによってではなく、映画に出演した満映の俳優がそのまま制作に起用された。映画に代わっていわばサウンドトラックに近いものをラジオで流すスタイルは、映画の宣伝も兼ね、放送番組を充実させることにもなり、満映と電々が一石二鳥をねらった業務上の合作であったと考えられる。この類別の作品に関しては、本章の「6　満映作品のラジオドラマ化について」で検討する。

各話劇団のオリジナル脚本に基づき、番組を編成して放送するのは、満洲のラジオドラマの主な形式の一つであった。話劇団に所属する劇作家の取材は日常生活に基づくものが多いので、作り出された作品は、ある程度当時の満洲社会を描き出していたと考えられる。たとえば一九三八年一〇月一五日に放送された「郷間的苹果」（故郷のリンゴ）というラジオドラマは、二人の青年男女の生活から、農村の素朴さと都市の腐敗ぶりの対比を表現していた。そのあらすじは以下のようなものである。

守正と二英は幼なじみであった。二英は声がきれいで歌もうまいので、守正は彼女の母親を説得し、二英を劇団に入れて演劇の勉強をさせることにした。守正は勉強中の二英を見守り、時々故郷のリンゴを持って激励に行っていた。二英の演技はますます上手になり、やがて大都市で名を挙げ、女優として成功した。しかし、都市の贅沢で腐敗した生活は二英に故郷を忘れさせ、守正との関係も疎遠にさせた。結局、故郷のリンゴを手にして訪れてきた守正のことを、若い男女との遊びに夢中になっている二英が無視した。二英の冷淡を目にした守正は、リンゴを残して故郷へ帰っていった。

一般の人々を素材にして、日常生活におけるひとこま、あるいは人間の素朴な感情を描くのは、当時のラジオドラマの一つの特徴であった。「郷間的苹果」のほか、文学者の韓明と風俗嬢雪鈴のラブストーリーである「歓楽之門」（一九三九年一月五日放送）、母親、娘及び義父、三人の感情のもつれを描く「養育之恩」（一九三九年二月一一日）、借用書一枚によって掘り起こされた二つの家庭の恩讐を描く「一張借据」（一九三九年八月一三日）などの作品がある。これらの作品もすべて日常生活から切り取り、さまざまな角度から人生の姿を描き出したものであった。その文学水準や制作水準はともかく、一般人の生活を表現しているという点から聴取者の注目を集めたことは確かであった。当時の新聞に掲載された投稿、記事をみれば分かるように、ラジオドラマに対する論評や感想も多数寄せられた。署名「聶明」という聴取者は「養育之恩」にかなり高い評価を与え、「成功の域に達している。登場人物の脚色はきわめて適切で、監督の苦心による成果である」[4]と書いた。また、「奉天放送話劇団は前に向かって邁進している。これ以上に頑張って欲しい。放送関係者は彼らにもっと出演のチャンスを与えるべき——これは我々が現在非常に望んでいるところである」[5]というような、ラジオドラマの作成に尽力している話劇団に期待する声もあった。これらから満洲のラジオドラマが聴取者からも一定程度の評価と期待もかけられていたと理解して良いであろう。

一方、既存の文学作品を脚色し、場合によって書き替えを行い、ラジオドラマ化するのも満洲ラジオドラマのもう一つの制作形態であった。一九三九年一一月一〇日放送の「少小離家」を例にしてみよう。この作品は、オストロフスキー作「雷雨」を改編・脚色したものである。ただ、作品名と登場人物名は、たとえばカチェリーナーを高鈴に、カバリーハを馬鴻起に、ボリースを鮑里斯に、すべて書き替えられ、舞台もヴォルガ河岸からハルビンに移された。

オストロフスキーの「雷雨」は、女性の立場から、無知と野蛮に代表される旧制度に耐えられず、結局愛情のために殉死するという悲劇である。このような作品が満洲の劇作家の視野に入り、そして書き替えられてラジオドラマとして放送されたことは、内容的にラジオドラマにふさわしいという理由のほか、もう一つ重大な理由があった。つまり、検閲や文化統制を回避するためであった。

李文湘は「四一年放送話劇再検討」という文章のなかで、当時のラジオドラマの創作状況について、次のように述べている。

今頃の満洲のラジオドラマにおける最大の欠陥は、題材が狭隘で陳腐だということである。

皆が「書くことがない」といいわけしている。（中略）さまざまの制約が目の前に横たわり、考えている物語をすべてラジオドラマの題材とすることは不可能だと言う人もいる。まさにここは難しいところである。外国の作品を持ってきて、ちょっと改編・改訳してみるのもひとつの解決方法だ(6)。

以上から、ラジオドラマ創作に二つの大きな問題があることが窺える。一つは題材の単一化と枯渇化であり、二つ目は創作活動が制限されていることである。そのために劇作家たちが考えた解決方法は、外国の作品を脚色し、書き替えをすることであった。

3　ラジオドラマと「国策劇」

李文湘の指摘は満洲国におけるラジオドラマが直面している困難を表している。ラジオドラマが重視される理由の一つに、思想指導と政治宣伝に利用できる有効なメディア・ツールであることはすでに述べた。満洲国では政策によって、ラジオドラマの単純化されたコミュニケーション・モールドが決められた。この前提の下、ラジオドラマの脚本創作から、番組作成、そして聴取者側に到達するまでの過程のなか、放送側の一員として機能していた話劇団メンバーの立場はもっとも複雑で困難であった。彼らは二重の役割を担わなければならなかった。ラジオドラマを制作する段階では電々のために働く者とされる一方、作家、文化人、話劇団メンバーという身分でもあった。彼らはラジオドラマの創作としての基準と目標を求めながら、政治・政策からの要求にも応じなければならなかったのである。このような状況は、満洲のラジオドラマを束縛する決定的な要因となった。つまりラジオドラマの脚本創作は文学活動であり、政治的、イデオロギー的な面で厳しく制約されていたわけである。前述の劇作家と密接に関連している文芸協進会と満洲演芸協会は、政治的干渉を受け、思想面でコントロールされていた。それを裏付ける証拠として、ラジオドラマの選択問題に関する、満洲演芸協会会長・三浦義臣の言説がある。

「国民演劇」という意味は満洲国として可成りの難問題である。漢人系にしろ其の他の蒙、鮮、露系にしろ、何れを取っても国民的な演劇というものを有っていないと見るべきで、ただ現に有るのは民族的な其れだけである。(中略) 旧劇の中には忠孝節義を讃美したものも沢山にある、これ等は勿論差支えないが注意すべきことは支那社会に著しい階級意識の発露が劇の中にも小説と同様に沢山盛られていることである。(中略) 之等は新理念によって興りつつある満洲国にとって有害無益なものであろうから、劇の選択上にも注意せねばならぬ。又新劇についてはそれが支那の民国以後に出来たものであれば一層思想上注意すべきは言うまでもないことである。(7)

三浦義臣は現存の伝統劇と新劇に潜む階級意識が満洲国の理念に相応しくなく、「思想問題」として注意しなければならないと論じている。満洲国の劇作を思想的に厳しくコントロールしようとする意図がうかがえる。すなわち、階級意識を除去し、代わりに国家理念の「五族協和」を強調することであった。
彼はまた、満洲国における劇創作のエッセンスとして、国民演劇という概念を持ち出している。国民演劇とは、そもそも一九三七年前後、日本で提唱された理念であった。提唱者の飯塚友一郎はこの概念を以下のように説明していた。

我々が今日の国民演劇に要求する根本的理念は次の四つに要約することが出来る。第一には個人主義の展開としての全体主義だ。第二には自由主義の展開としての統制主義だ。第三には芸術至上主義の展開としての目的主義だ。第四には欧化主義としての日本主義だ。（中略）之を別の言葉で言えば、国民演劇とは、演劇の国民化である。或は演劇の倫理化である。もしくは演劇の厚生化である。(8)

簡単に言えば、演劇に日本主義、集団主義という規範を強要するものであった。三浦義臣はこの概念を借用し、さらに満洲国の多民族性という特徴をつけ加えた。彼のこの演劇理論はどのように受け止められたのであろう。まず、国民演劇という理念に対する認識として、次のように述べられた。

我が国民が、その各々の属する民族性を乗り越えて、国民として一なる共感にひたり、一なる希望に満ち、一なる感激にひたる為の共通のことばたる演劇の様式が成立しなければならぬ、

（中略）我が国の国民演劇を構想し企画し実現する為の強大な直観力は、愛国の情熱からのみ求め得る。[9]

また、政治、国家、演劇という三者の関係に関して、さらに深めた論述もあった。

現在ほど、演劇が政治と一体となり、国家と結びつくことを要請された時代はまだかつてなかったであろう。（中略）目標は同じく国民的演劇の樹立にあっても、「新劇」と根本的に異なる点は、その演劇精神にある。（中略）正しい伝統的演劇精神に立脚するためには、そうでない色々なものに汚された過去の玄人的観念はすっかり拭き去られなければならない。「満洲中央劇団」の出発は、正しい出発であり、決して「新京放送劇団」の延長でもなければ、いわゆる新劇運動でもないのである。[10]

三浦義臣が、満洲国に相応しい演劇として国民演劇という概念を打ち出した。その内容は階級意識の否定と「民族協和」の二点に集約されている。そして、上原はさらに「愛国の情熱」を加え、笠間は、満洲中央劇団の再出発について論じるなかで演劇と政治の結合を国民演劇の理想形として見いだした。すなわち、満洲国の演劇行政に直接関わるこの三人の言説からうかがえるのは、演劇の革新を求め、その新たな理念としては国民演劇という概念が強調されている点である。これは民族を越えて文化を統合する上で、満洲国の政治的要求とも合致するものとなっていた。

しかし、王道楽土など多くの抽象的な概念・理念と同じように、国民演劇も実はその中味についての議論は深まっていない。先述した満洲国の演劇界を牛耳る三人の言説もそれぞれの立場からの発言であり、国民演劇についてかみあった議論となっていない。他方、この概念はどうやら日本に由来し、満洲での提唱も一方的に日本人に偏っている感があり、中国人側はこの理念をどう受け止めたのだろう。興味深いのは、中国人側の文章や論争のなかでは、国民演劇という言葉はほとんど出てこない。かわりに、「職業劇団の演出を一言コメントすれば、それは『芸術性に乏しい』ということである。しかし彼らはためらいもなくこう切り返すであろう、それは『国策劇』だからさ」[11]というように、中国人側では、演劇の中の芸術性と「国策」との関係を問題にし、「国策劇」には冷ややかな態度をのぞかせている。ここの国策劇というのは、むろん一部の日本人が唱える国民演劇のことも含まれるだろう。時間的にみると、ラジオドラマが登場し、注目され始めた一九三八年、一九三九年の時点で、すでに国民演劇という概念が存在していたはずである。国民演劇は如何にラジオドラマに浸透してきたのだろうか。白萍が述べたように、娯楽放送としての形式上の多様性と内容の豊かさを追求したところ、国策が入り込み、両者間のバランスを崩したわけである。

これらの論述や観点から演劇行政側の演劇に対する理想や期待が分かる。しかし、階級意識の排除は、満洲国の現実を無視するものであった。植民地の属性を有していた満洲国で、統制階層の日本人と統制される側の中国人のアイデンティティーの違いが解消されない限り同化など決して実現できるはずもなかった。国民演劇の名のもとでの演劇統制は、演劇と政治の強制的な結合にほかならない。このような「国策」が満洲のラジオドラマの発展を束縛する鎖となっていたことはいうまでもない。
一九三九年八月二一日に放送された「聚散」から、国策に迎合したラジオドラマの内実を窺うことができる。このラジオドラマの主人公は満洲国にいる飛行士李志毅とされている。ノモンハン戦中の七月一〇日、ハルハ河においてソ連軍に大勝し、治療のために新京に戻った彼は、久しぶりに会う妻、妹及び隣の人たちと、戦場生活を語り始める。ドラマの展開はほとんど人物の対話で構成されている。

そう言えばソ連の飛行機は本当に多い。まるで黒々としたカラスの群れが空を飛んでいるみたいでね。しかし多すぎるので、限られた空間のなかで飛ぶしかできない。我らは飛行機から撃ち出した銃弾が、的を外したとしても、どこかの別の飛行機に当たった場合もある。だから普段の手作り銃で雀を打つのと似ていてさ、とても打ちやすいんだ。(中略)彼らの陸軍も数は多いけど、逞しい者はいない。みんな死ぬことを恐れて、戦車に乗って攻めてくることしかできない。それに対して我々は、大砲による集中射撃のほか、死ぬことを恐れない肉弾勇士までいる。戦車陣に突入して、彼らの戦車をそのまま捕獲するのだから[12]。

ノモンハン事件がこの架空のキャラクターによってこのように語られるのは、メディアが戦況について真実を伝えず、粉飾報道と、政策の下僕に成り下がったことに対する批判や皮肉としても読める。また、事実として、この局地戦を正面から戦ったのは、ソ連と日本であり、満洲国軍はほとんど戦場に投入されなかった。むろん李志毅のような飛行士の存在はありえない。しかし、戦争の目的は、満蒙国境問題を解決し、満洲国を守ると宣伝されていたので、メディア報道は、国民のための正義の戦いという方向に規制された。このラジオドラマは八月二一日に放送されたが、まさに戦況がもっとも膠着している時期であり、むしろ日本側の優位が失われているところであったが、メディアはそれを報道することはなかった。「聚散」は輿論操作の産物として見て良いであろう。「聚散」のようなラジオドラマは当時、「国策劇」と呼ばれていた。この「国策劇」は、オリジナル創作のラジオドラマとしてかなりの比重を占めていた。一九四一年、満洲国の文化や文学などに大きな影響を及ぼした「芸文指導要綱」が公布され、劇創作と政治の関係がより一層強化され、ラジオドラマも政治的要素が極めて強調される単なる宣伝ツールになってしまったのである。

4　二つのテキストからみる満洲国のラジオドラマ

(1)「救生船」

ラジオドラマの検討では、脚本に対する考察が不可欠となる。満洲国のラジオドラマに関する先行研究がほとんどない現在、ラジオドラマの脚本に関しても未知の部分が多い。本節では、筆者の調査過程で入手した中国語と日本語のラジオドラマの脚本をそれぞれ一つ取りあげ、満洲国ラジオドラマの内実を分析したい。テキストとしては、前述の「聚散」とほぼ同じ時期に放送された「拓けゆく楽土」(第一放送日本語、以下「拓」と略す)と「救生船」(第二放送中国語、以下「救」と略す)

とする。[13]

「救」は一九三九年一一月に第二放送で放送された中国語のラジオドラマである。このラジオドラマは、子供向けのもの、つまり児童劇であったと推測できる。満洲国のラジオ放送のなか、子供向けの番組も数多く存在し、ラジオドラマもそのなかに含まれている。ラジオドラマの放送を担当したのは、地方の児童劇団や、関係団体のメンバーが多く、場合によって学校から担当者を送り出すこともあった。子供向けの番組としてほかには歌謡、物語朗読、啓蒙教育などがあった。

「救」が放送された背景には、一九三九年秋の天津水害があった。一九三九年の秋、天津で大きな洪水が起き、天津の八割以上が水没し、被害にあった住民は百万人以上にのぼったという。[14]天津は海河流域に位置して、上流にあるいくつか大きな河の影響を受け、降水量が増大すると、たびたび水害に襲われた。歴史的にも一九三九年の水害は特に大規模で、重大な損失を受けたと言われている。

「救」の登場人物は、黄徳初、妻の劉氏、子供の慶金、使用人の李二、そして最後に救助される母の趙氏と娘の久子と六人であった。黄徳初一家はある程度の財産を有し、使用人の李二が漕いでいる船で漂流しながら、避難の場所を探していた。その途中で息子の慶金は水に流されている趙氏と久子を発見し、助けようとした。しかし、船が小さく、家財も載せているので、さらに人を乗せる余裕がない。そこで両親は息子の頼みに、「なぜお前は賢くないのか」と叱るが、最後にやはり助けることにする。ラジオドラマが放送される前には、簡単な紹介文が朗読される。この短い文章を通じて、ラジオドラマの背景、物語、そして登場人物などを聴取者に知らせた。子供向けであったので、文章の最後に、「子供諸君、慶金のこのような壮挙に、みんな感服して尊敬しているのではないか?良い子のみなさんは、このような精神をもって、興亜という偉大なる事業に向かって邁進しましょうね」というような言葉がつけられていた。

「救」のテキストから、当時のラジオドラマの制作および放送の様子がある程度窺える。テキストの冒頭に「音響：風聲，雨聲，波浪聲，船鏈聲，船板聲等」という一文があるが、これは放送中に背景として使われる効果音であると考えられる。人物のセリフにこの効果音を「背景音」と括弧をつけていることもよくみられる。満洲国のラジオドラマは、制作上、放送としての基本的な要素を備えていたことが分かる。ドラマの状況に合わせてさまざまな効果音、背景音楽なども流されていたのである。

当時ラジオドラマの制作は放送局演奏室・スタジオで行われ、大連、新京、奉天などの中央放送局はそれぞれ各自の設備を有していた。劇作家絲山貞家は、一九三九年九月号の『宣撫月報』に、満洲国でのラジオドラマの制作に関して以下のように言及している。

その際二つの大スタジオと五箇のマイクロフオンとが使用された。第一スタジオの二つのマイクロフオンでアナウンスと出演者の物語と合唱が収音され、他のスタジオでは総ての効果およぴ蓄音器係一切、第四のマイクロフォンは局舎外に置かれて満人街の雑音が、第五のマイクロフォンからは局内階下溜り場に於いて埠頭の足音情景が収音され、それぞれの音は先ず調整室に集められて再生され、演出者および調整盤手によって調整され、送出された。二つのスタジオには各スタジオ・マネージャーが居り、調整室からは二重硝子を通してその二つのスタジオ内の行動が眺められ指揮された(15)。

ラジオドラマを制作するにあたり、ほとんど一つしかスタジオを使っていなかった日本に対し、スタジオを二つも使い、設備面、制作技術面にもかなり力を入れていて、満洲国がラジオドラマを非常に重視していたことが分かる。放送脚本からは、セリフ以外に、背景の音楽、効果音などにも十分に配慮されていたらしいことがわかる。現在、当時のラジオドラマの実際の音を聞くのは難しいが、設備の完備という一点からだけからも、放送水準のレベルはかなり高かったであろうと推測できる。

「救」の作者は「蔡笑泉」で、放送を担当したのは「大連明朗童藝放送團」であった。残念ながら作者と放送を担当した団体の詳細については不明である。物語自体はそれほど複雑ではなく、歴史事件を背景にしていることと、自らを犠牲にして人を助けることから、子供向けの教養的、道徳的な性格が強い。使用人と救助された二人のセリフがほとんどなく、物語は息子の慶金と親たちとの会話を中心として展開されている。財産を大事にする父より、息子の慶金は純粋で善良であり、両親を説得してやっと水のなかの二人を船に乗せたのである。しかし、物語の最後は、洪水と雨が強くなっていくなか、皆は「わー危ない！誰か助けて」と叫び、小さい船がどうなったか分からないという、聴取者の懸念を呼び起こすエンディングであった。放送前のドラマ紹介では「すべての人は一斉に大声で「助けて」と叫んでいるところ、慶金とお父さんはなんと船に載せていたすべての財産を水のなかに捨てた。船を軽くして、この危機から生き残ろうとした」という説明があるものの、このようなエンディングでは船に乗っていた人たちの安否が分からない。

天津の水災に関して、満洲国ではあまり報道されていなかった。大連から天津までは、海を渡ればそれほど遠くない距離である。作者は子供の口を介し、海を挟んだ同胞への気持ちを表わそうとしていたのではないだろうか。脚本では、慶金の親たちは繰り返して慶金に「なぜお前は賢くないのか」と叱っている。危険を冒しても、危機に陥っている人たちを助けたいという熱意、そしてあきらめられない気持ちを、作者は表現したかったのかもしれない。

前述の通り、さまざまな角度から人生の姿を描き出そうとすれば、その創作に何らかの自己の思いを込めることもおかしくない。しかし、冒頭の「興亜という偉大なる事業を向かって邁進しましょうね」という一文と船という小さい空間を舞台にして生死をテーマにしているこの劇とがどうもうまく結びつかない。このような作品が、後に国民演劇の提唱によって作られた「聚散」などと比べると異なっているところが多く、満洲国のラジオドラマについてはさらに考察する価値がありそうである。

(2) 「拓けゆく楽土」

「拓」は一九三八年一二月一六日に新京中央放送局より全満向けに放送された日本語のラジオドラ

マである。年末に行われた「警察官慰問の夕」というイベントに合わせて作られたこの作品は、宣伝の性格が強く、第一放送における国策的なものであったと言えよう。主な登場人物は、主人公大畑警尉補（日系、二十七歳）、王警士（満系、二十五歳）と趙警士（満系、二十五歳）、大畑を憧れている王警士の妹王愛蘋である。大畑は町を愛し、町の住民に頼られている警察官である。彼は自分の息子のように町中の子供を助けたり、住人夫婦の口喧嘩を処理したりする。ある日、町をパトロールしているときに、思いがけず匪賊の愛人を捕らえた。しかし、そのことが匪賊の来襲となってしまい、警士の二人と町の住人と一緒に闘ったが、「大日本帝国万歳、満洲帝国万万歳」と叫んで死んでしまう。

ラジオドラマの背景にあるのは満洲国の歴史を貫いた「匪賊の排除」という問題である。特に警察関係の物語では、匪賊ものが多かった。「警察官慰問の夕」という企画で放送されたこのラジオドラマは、代表的なものである。物語の舞台は特定されていない「田舎のちょっとした町の大通り」という設定であるが、日本人の大畑のもと、中国人の警士が動いたり、住民が助けられたり、満洲国のスローガンであった「王道楽土」がイメージされている。脚本全篇で町の人々が大畑に対する尊敬と依存、大畑の町の住民に対する愛情、王道楽土の安楽、各民族の団結力などを、人物の言葉を通じて表現している。菓子屋の主人は、大畑のことを「神様か仏様のようなもの」と評価し、王愛萍は大畑が「なんでも知っていらっしゃるし、その上親切」、「あの方は、満人は誰でも好きよ」と愛慕の情を隠さずに話していた。大畑は町中の子供の世話をし、人の病気をみて薬を出し、子供の出産までも頼まれた、まるで万能の神のような人という設定である。同時に、「阿片と云うものは、国民の健康に甚だ害がある。だから吸飲しては不可い。ただある種の病人には阿片が却って薬になることがある。その人々には特別許可書を出し、一定の分量に限り吸飲を許すと云う規則が出来て、それをお前は、よく知っている筈だ」と町の住人を叱る大畑の口を通して、当時の阿片に関する法律普及を行い、大畑を国家機関の代表者にしている。満洲国にとって阿片を如何に処理するかは難問であったが、さまざまな政策が作り出されたことは事実である。「殊に満人諸君に対しては、指導することが先で、取締はそれから以後のことだ」というように、彼は政府の代弁もする。

この安楽で幸せの情緒が溢れている田舎にとって、匪賊は唯一のはずれている音符であった。そして、匪賊を通じて、ラジオドラマの登場人物の立場が暗示されている。匪賊が町を囲んだ時に、大畑に王警士は「貴下の平素の日満一如の精神に感謝するのは此の秋だとばかり、皆大急ぎでここへ駆けつけます」と言い、満洲国の民族共存と協和の象徴であるこの田舎の団結力を強調している。それに対して、匪賊は交渉相手を求める際に、大畑に対して「お前じゃ不可ない！満人の代表者はいないか」と叫び、協和を認めない不安定を象徴する立場を示している。匪賊は女と大畑の引渡を要求すると、「俺は満洲帝国の警察官だ」とはっきり宣言する王警士は、大畑が匪賊に撃たれた時に、「彼奴は、私が射殺しました」と戦う優秀な警察官の代表になっている。そして、王警士の妹王愛萍は、大畑の死に際に、「私の夫！私の心で決めた唯一人の大切な人」とまで叫ぶのである。

共存と協和を基調にしたこのラジオドラマは、王道楽土というスローガンを満洲国に持ち込んだ統治側の理想的な願望と思惑を表している。堅忍で親切なリーダー、忠実な部下、愛する民衆、これらを一つにしたいものの、「満人」と「日本人」をはっきりと区別し、「一徳一心」に背く匪賊が邪魔をする。これは一方的で非現実的構図ではあるが、ラジオドラマだからこそ表現でき得たのである。

匪賊をテーマにした「拓」には、王道楽土の象徴であった町を表現すること以外に、もう一つ隠された重要なポイントがある。それは、満洲国成立後、地方自治的治安維持制度として設立された「保甲制度」とその延長線にある「自衛団」である。保甲制度とは、「地方自治団体タル城市、郷、村内ニ於テ一定の戸数ニ依リ保及甲ト称スル隣保友愛ヲ以テ相寄ル団体ヲ編成シ警察ノ補助機関トシテ其ノ団体内ニ於ケル康寧ヲ保持シ、不測緊急ノ危害ヲ防止」することを目的に作られた組織であり、その主な機能は以下の六ケ条である。[16]

一、戸口ノ調査
二、匪賊及風水火災ニ対スル警戒捜査
三、伝染病ノ予防
四、阿片吸食ノ矯正
五、道路橋梁ノ破損修理
六、犯罪ノ相互検察（連坐責任）

満洲国成立後も、警視庁には警察官専用練習所が設置されておらず、警士の補充採用や調練教育などが課題であった。応急的に中央警察学校の教室、または本庁講堂を利用し、短期講習を行うという姑息的な対策を練ったが、幅広い管轄地域のわりに、人員不足という大きな問題は残っていた。警官の不足により生じたもっとも大きな問題は、地方までの管理と浸透ができないことであった。その解決策として保甲制度が考えられたわけである。保甲制度は、その主旨を見れば分かるように、住民調査、伝染病予防、交通修繕、治安管理など、日常生活の主な範囲にわたり、保甲制度によってある程度満たされるとしていた。しかし、保甲制度はあくまで社会機能の補助的な自治団体であり、匪賊という大きな問題の解決には特に対応していなかった。

満洲事変勃発スルヤ旧政権崩壊シ治安紊レ混乱スルニ乗シ事変前ニモ増シ大群匪徒ノ横行出没スルニ至リタルモ新国家建設セラルルニ及び、日満軍警ノ共同討伐ニ依リ漸次治安ノ恢復ニ向ヒタリ、然レ共単ニ群匪ノ数ヲ減シタリト言フノミニシテ到底一朝ニシテ之ヲ絶滅スルコトヲ得ス、殊ニ地域広大、交通不便ニシテ未タ行政機関整備セス軍警ノ尚充実セサル今日之を補助シ治安維持ニ当ルヘキ機構ノ組織ハ最モ必要ナリ、茲ニ保甲制度ヲ施行シ同時ニ民間武器ヲ回収シ自衛団ニ武装セシメ或ハ匪賊ヲ警防シ或ハ軍警ノ補助トシテ地方康寧ノ保持ニ従事セシムルコトトセリ(17)。

自衛団は、保甲制度の補充的な措置である。保甲制度は自治団体として生活面における政府機能を補完することに従事し、自衛団はこの保甲制度のカバーできていない治安、特に匪賊の排除という面で機能する。「拓」が描いたように、匪賊は町に到来した途端、王愛萍は直ちに「町中を駆け回って、自警団員を集めて居り」、そして、「自警団員たちは、喜んで町の危急存亡の為に身を犠牲にして働く」という構図になっている。ここの「自警団」というのは、表記は違うが、自衛団を意味している。「拓」のなかでは、わずか三人の警察と自衛団と一緒に、二、三百人の匪賊の攻撃から町を守ることに成功し、まるで匪賊防衛戦の教科書のようである。

「拓」の作者近藤伊与吉は映画監督で、このラジオドラマは登場人物とその描写も豊かであり、病人の世話、夫婦の喧嘩という日常から、匪賊との戦いまで物語の展開も映画のようである。上述したように、このラジオドラマには、「王道楽土」という建国精神、阿片問題、匪賊排除問題、保甲制度と自衛団など、さまざまな政治的要素と意図的な宣伝が含まれていた。このようなラジオドラマは、まさに前述の国策劇の代表的な作品である。しかも、ある程度水準の高いものであったと言えよう。しかし、娯楽物とはいえ、満洲国のラジオ放送という舞台に相継いで登場した国策や政治的要素が大量に詰められたラジオドラマと現実との距離については、あらためて論ずることにする。

5　ラジオドラマの没落

(1)　ラジオドラマと検閲

第二章で見てきたように、放送内容に放送方針や政治要求などに反するものがないことを確保するために、満洲国ラジオドラマは制作から放送まで厳密な審査制度が設けられていた。まず、月に一回「弘報連絡会議」が開かれ、出席メンバーは関東軍、満洲国政府、協和会及び電々から選ばれた代表であった。この会の目的は毎月の放送方針を決めることであった。各放送局はこの方針に従って翌月の番組案を提出するが、電々における審査を経て、「放送参与会」での最終審議が必要であった。「放送参与会」の主要メンバーは関東軍、弘報処、交通部、協和会及び電々の代表である。この会の審査を通った案は最後に放送番組に編成されるが、実際に放送される時にも検閲されていた。[18] このような審査・検閲システムのなか、絶対的な地位を占めたのは関東軍、弘報処と協和会であり、方針政策およびリアルタイム検閲という二つの面からラジオに対するコントロールが確保できた。政策上のすべての需要は、このシステムを通してラジオに反映させるというのが目的であり、実質的に果たした機能でもあった。

この審査と検閲システムの存在は、ラジオドラマに対する国策融合という需要を可能にした。同時に、放送に不適切と思われるものが完全に排除されることになった。一九四四年七月二五日に放送された「新天地」に対する検閲事件から、満洲国でのラジオドラマの厳しい状況が窺える。

とある山村に、日本人の村長をはじめ、朝鮮人、ロシア人、そして中国人がともに住んでいた。その山村に洪水が来るという噂が立ち、みんな怖がっていた。ある日、村長は村の一番頑丈な石で作られた部屋に村人を集め、部屋の強化工事をし、窓や扉を封じ、その中にみんなで避難しようとした。もしこれでも洪水に耐えられなかったら、一緒に死ぬしかないと言い、村の人たちはその部屋で運命の判決を待っていた。そのときキリスト教信徒であったロシア人は最後の懺悔を行ない、自分が昔みんなに売った牛乳の中に水を混ぜていたことを白状し始めた。それに同調して、日本人の村長も自分は子供たちに日本語を教えていたから子供たちの親から賄賂をもらったこともあったと言い、さらに全員が昔の自分の悪行を告白する。ついに夜が明け、朝が来て窓をちょっと開けてみると、洪水どころか、万里雲なしの良い天気であった。戸惑う村人たちが村長に尋ねると、実際のところ洪水が来るといった噂は彼のついた嘘であった。恐怖から解放されたみんなは村長の周りで笑いながら、「なるほどあなたは一番嘘を言う人だったんだ」と言い、このドタバタ劇の幕を閉じた[19]。

このラジオドラマは協和会の創立記念日のために作られた。中国語で放送されたこのラジオドラマは、登場人物が過去に同じ村に住んでいた人たちに対して行なった悪行に対する告白を通して、笑いの効果を求めたと考えられる。内容から見ても、ドタバタ劇でありながら、多民族が共存した村、日本人が村長の地位を占めていること、ある意味での「ハッピーエンド」、一見して全てが「協和」という主旨に即したものであるように見える。しかしながら、日本人村長の告白の内容、さらに「日本人が最も嘘つきであった」という最後の決め台詞、ひいては劇全体に反満抗日の思想が含まれていると疑われ、放送直後に脚本を弘報処に送り検閲を受けることになったのである。一度放送されたものでも、その後、思想問題に引っかかって検閲されることから、満洲国のラジオ放送の検閲システムの厳しさが分かる。このような状況ではラジオドラマが束縛から解放されることはほとんど不可能であった。

放送されてから検閲を受けた「新天地」は一つの例に過ぎず、満洲国のラジオドラマは、内容が現実に近づけられないという問題に悩まされていた。文学作品のなかで日本人を描写すること、特にマイナス的な描写を避けることは、満洲国にいた中国人作家たちの共通した認識であった[20]。これは作家たちが厳しい創作制限に対してやむを得ず取った回避の手段である。当時の中国人作家たちは、日本人の作家たちから「暗い」とラベルを貼られていた。建国理念と精神に反していて、統治側が期待していた「五族協和、王道楽土」というものと遠く離れていたからである。このような作品に日本人まで描いたら検閲が厳しくなるという共通の意識が中国人作家たちに存在していたのである。そのため日本人を描写しない、ということは、検閲を回避する手段として使われていた。

このような特徴はラジオドラマにもある。筆者が入手したラジオドラマの概要を検討すると、題材が積極的であれ、消極的であれ、政治色が強い「国策劇」も含め、すべてのラジオドラマに日本人は登場していないのである。もちろん、番組制作上の理由で、第二放送のラジオドラマを担当していた劇団などには日本人、あるいは日本語を話せるメンバーはいなかったことが考えられるが、文壇の状況を考えると、これはただの偶然ではなく、むしろ劇作家も文学者と同じ問題に直面していたのではないかと思われる。ラジオというメディアは当時、活字の文学作品よりもっと頻繁に統制や審査を受けたため、このような回避行動が出てもおかしくない。その結果、満洲国のラジオドラマが表現したものは、統制や制限に妥協した後の虚像にすぎなかったのである。ラジオドラマが聴取者に発信したのは、ほとんど共感を得られない幻想世界に過ぎなかったと言えるだろう。

（2） ラジオドラマの没落

ラジオドラマへの政治性の強調は強くなる一方であった。「芸文指導要綱」が発表された後、文芸協進会を含め、すべての文芸団体が強制的に解散させられた。それに代わって演劇業界で絶対的な地位を有した劇団協会が成立した。劇団協会は直接政府の管轄を受ける機関であったので、この異変は演劇運動の政治化を加速させた。その効果として、いわゆる「国策劇」の氾濫となった。

最近放送劇を聞いて、その特徴あるいは感想として「対話の混乱」と「内容の公式化」という二点にまとめられる。（中略）「内容の公式化」というのは、最近聞いたものは大体似ている話ばかりだったからだ。増産であれ、帰農であれ、貯蓄であれ、皆国策から来ているものとはいえ、すこし内容的に工夫する必要がある。出だしを聞いて最後まで分かるものは、つまらなくてたまらない。(21)

政治的需要の下におかれた満洲国のラジオドラマの変質及びその原因を指摘した言葉である。太平洋戦争の勃発後、日本は次第に戦争の泥沼に陥り、植民地などに対する資源の収奪も激しくなっていた。満洲国は日本の実質上の兵站基地として、この変化から大きく影響されたことは言うまでもない。増産、帰農、貯蓄などへの鼓吹は、日本の資源需要の急増に応じて出された政策であり、一九四二年後半から満洲国において大々的に宣伝されていた。満洲国のラジオドラマもこのような宣伝政策に影響され、引用文が指摘していたように、これらの国策が反映されたものが増え、ほとんどのラジオドラマが国策ものとなってしまった。しかし、政治性を強調しすぎた結果、内容の公式化は避けられず、脚本の創作が制限されたことで創作量が激減し、ラジオドラマの娯楽性が完全に失われ、満洲国のラジオドラマが没落する最大の要因となった。また、太平洋戦争の深刻化とともに、ラジオ放送も報道放送を中心とする方針に転換され、戦況に対する報道が最優先され、一般番組が随時中断され、緊急ニュースが頻繁に挟まれるようになった。これも娯楽放送だったラジオドラマを衰弱化させる要因となった。こうして聴取者の注目を失ったラジオドラマは満洲国の放送メディアからほとんど姿を消していった。

6　満映作品のラジオドラマ化について

(1)　満洲国の新聞・ラジオ・映画

国策会社としての電々と満映の設立時期を見れば、満映は三年ほど遅れている。しかし、関東軍は一九二五年に関東州・大連に実験放送を始めたとほぼ同時に、南満洲鉄道株式会社映画班は記録映画の普及にも力を入れ始めていた。すなわち、関東州においては映画とラジオの協働関係が早くから意識されていたことがうかがえる。

一方、新聞とラジオは満洲国通信社をニュースソースとして共有していたので、両者は協力し合いながら各自の存続を図るようになり、互いに補完しながら満洲国の報道体制を構築していったことはすでに触れた。

そして、新聞と映画は異なるメディア形式であることは言うまでもないが、機能から見れば両者は満洲国でまったく無関係ではなかった。時事情報のほか、政策の宣伝や輿論の喚起を目指していた新聞に対して、記録映画や、啓民映画も強い政治性と宣伝性を有した。また、一般民衆を楽しませることを趣旨とした娯民映画も新聞との連携を頼みにしていた事実は、各機関紙に相次いで開設された映画ページがそれを裏付けている。

このように満洲国におけるラジオと映画の関係が密であることは明白である。特に満映の娯民映画のように、ラジオの慰安放送（娯楽放送）は放送分類の三大柱の一つとなっていた。それは映画とラジオのメディアミックスによる産物とも言えるが、聴覚だけに訴えるラジオドラマは映画的な要素も多々備えていた。

しかし、ラジオドラマをめぐる両者の関係はこれ以上つまびらかではない。本節では満映の作品をラジオドラマ化して放送する「映画放送劇」を取り上げ、その経緯をたどりながら一部の作品について内容分析を試みる。また、満映と電々の関係を考察し、満洲国における新聞、ラジオおよび映画という三者の関係について検討したい。

映画放送劇とは、上映中、あるいは上映予定の満映作品の脚本を用いて、ラジオ放送できるように脚色するという、満映作品のラジオドラマ化である。一九三八年一一月、満映試写室の改造工事が完成し、中継設備を加えることで試写室を中継室として使用し、その内容を電々放送局を通して放送することを可能にした。満映はこの改造工事をきっかけに、これから上映するあらゆる作品をラジオドラマ化すると宣言した(22)。しかし、この計画は持続せず、ラジオドラマ化された満映作品も数える程度であった。[23] 現段階で筆者の調査で把握できている作品についてまとめておく。[24]

■「国法無私」(一九三八年一一月二日放送)
脚本　楊正仁
監督　水ヶ江龍一
撮影　池田専太郎
出演　郭紹儀、李明、薛海樑、張敏
水ヶ江龍一が満映に入って最初の作品。法治社会を謳歌するテーマになっており、日活の「検事とその妹」のリメイク。

■「田園春光」(一九三八年一二月二日放送)
脚本　山川博
監督　高原富士郎
撮影　杉浦要
出演　李鶴、杜撰、張敏、崔徳厚
国策を宣伝する作品。満洲国の農村建設を宣揚する。

■「冤魂復讐」(一九三九年一月三一日放送)

脚本　高柳春雄
監督　大谷俊夫
撮影　大森伊八
出演　張書達、劉恩甲、李香蘭、周凋
満映最初のホラー映画。

■「鉄血慧心」（一九三九年三月六日放送）
脚本　高柳春雄
監督　山内英三
撮影　杉浦要
出演　李香蘭、劉恩甲、周凋、郭紹儀、王宇培、杜撰
密輸入者と戦う警察官の物語。「美しき犠牲」というタイトルで日本で同時上映。

■「慈母涙」（一九三九年四月四日放送）
脚本　荒牧芳郎
監督　水ヶ江龍一
撮影　藤井春美
出演　李明、張敏、李鶴、杜撰、崔徳厚、王宇培、周凋、趙玉佩

大富豪の長男曹鳳閣、彼の子兆鵬を産んだ歌手李麗萍、そして李麗萍にとって命の恩人である富豪夫婦の間の物語。曽根純三作品「母三人」のリメイク。

■「真仮姉妹」(一九三九年六月二二日放送)
脚本　長谷川濬
監督　高原富士郎
撮影　島津為三郎
出演　李明、鄭曉君、王宇培、杜撰、張敏、徐聰、季燕芬
姉郁芬は母の遺書を読んで、妹郁芳の本当の両親は金持ちであり、母は彼らの代わりに妹を育ててきた事実を知った。姉は遺書を破って、彼らの子供と名乗ってその両親のところに行くが、悲劇的な結末はその行動から始まった。

■「黎明曙光」(一九三九年九月九日放送)
脚本　荒牧芳郎
監督　山内英三
撮影　遠藤瀛吉
出演　笠智衆、西村清次、杜撰、王宇培、周凋、惆長洵
満映と松竹の最初の合作映画。初めてロケーション撮影に挑戦。

「国法無私」を始め、これらは満映作品を脚色してラジオドラマ化して放送したものである。長さは四〇から五〇分、声の出演者は実際の映画出演者たちであった。たとえば新京放送局から「田園春光」の放送を中継した場合、放送時間は四〇分間、放送担当は「満洲映画協会社員、脚本－山川博、監督－高原富士郎、脚色－鄭嵐、蘭芬－李鶴、家祿－杜撰、香馥－張敏、家祥－劉恩甲」となっており、脚色を担当した鄭嵐以外は全員映画のメンバーであった。(25) 満映作品のラジオドラマ化の手法、あるいは前後の区別については、一次資料となる音声も映像も現在調査不能状態であるため、細かく比較できない。その他の資料から手がかりとなるものを集め、放送当初の形式などを推測することが現在もっとも有効な方法であろう。

まず注目すべき点は、これらのラジオドラマはすべて映画が上映される前に放送されたことである。たとえば「国法無私」の場合、放送時間は一九三八年一一月であり、映画の上映は一九三九年二月であった。(「田園春光」一九三八年一二月放送、一九三九年四月上映。「冤魂復仇」一九三九年一月放送、一九三九年三月上映。「鉄血慧心」一九三九年三月放送、一九三九年九月上映。「慈母涙」一九三九年四月放送、一九三九年六月上映。「真仮姉妹」一九三九年六月放送、一九三九年一二月上映。「黎明曙光」一九三九年九月放送、一九四〇年九月上映) 実は、ラジオドラマとして放送される時点でまだ制作中の映画作品がほとんどで、後期の「鉄血慧心」と「黎明曙光」の場合、放送された時点では撮影さえ始まっていなかった。

新聞記事と放送番組紹介の内容から見れば、ラジオドラマ化された作品の放送は二種類に分けられる。一つは前述のように新京日毛ビルにある満映試写室から放送内容を中継するもの。「国法無私」と「田園春光」などがそうであった。すなわち撮影が終了した後、編集作業中のフィルムを試写版として流し、その内容を中継するという形式であった。映画のセリフをそのまま使い、必要に応じてナレーションを入れて放送されたと思われる。しかし、映画制作の進捗状況により、実際の放送担当を話劇団に依頼した放送形式も存在していた。そういう場合、放送は満映試写室ではなく電々放送局で行われた。「黎明曙光」がラジオドラマ化された時はまだ撮影中だったため、「放送局先行以話劇放送，俾國人先聆聽其故事，而後再觀覽之影片」として、[26]放送時の演出を新京文芸放送話劇団に依頼する旨が公けにされていた。

(2)「国法無私」からみる新聞とラジオの協力

上映前にラジオドラマ化して、意図的に満映作品を民衆に公開する理由は何であったのだろう。ここでは最初に放送された「国法無私」に焦点を当て、検証を試みたい。

「国法無私」は満映発のラジオドラマ化作品として、「『東亜平和之道』の李明を始め、郭紹儀、張敏、呼玉麟、薛海樑、王宇培など出演者は全員放送作業に参加して、水ヶ江龍一は監督を担当」した。[27]満映作品のラジオドラマ化は革新的とも言え、電々にとって放送内容を充実する手段であったばかりか、待望の高水準のラジオドラマ脚本を導入できたのである。しかし、満映がラジオドラマ化を認めた理由は、放送内容を豊かにしたかったからではないだろう。むしろタイミングから見れば、上映前のラジオドラマ化は、ある種の映画宣伝と言ってもおかしくない。つまり満映作品のラジオドラマ化から、映画の宣伝と放送番組の充実と二つの効果が期待されていたとすれば、前者はむしろ本当の目的であり、後者はそのついでにとしか言えない。同時期の『大同報』に掲載された大量の宣伝記事はその裏付けとなる。「国法無私」がラジオドラマ化された一九三八年一一月から、翌年二月上映直前まで、『大同報』に掲載された関連記事は次のようである。

一九三八年一一月二日　國法無私一鏡頭 以最高法庭為內景
一九三八年一一月一五日　國法無私主題曲確定
一九三八年一一月二六日　金錢與貞操 國法無私中的一個謎
一九三八年一二月八日　滿映作品 國法無私本事
一九三八年一二月一三日　《國法無私》一個甜蜜的家庭
一九三八年一二月二一日　國法無私預定正月上映
一九三八年一二月二五日　時間像夢一樣的過去了《國法無私》主演李明談
一九三八年一二月三〇日　國法無私 闡明國法是高於私情的
一九三九年一月一四日　《國法無私》是滿映成功之片 李明張敏更成功
一九三九年一月二一日　映畫本事《國法無私》(一)
一九三九年一月二二日　映畫本事《國法無私》(二)
一九三九年一月二三日　映畫本事《國法無私》(三)
一九三九年一月二五日　映畫本事《國法無私》(四)
一九三九年一月二六日　映畫本事《國法無私》(五)

一九三九年一月二八日　《國法無私》的感想（張敏）
一九三九年一月二九日　《國法無私》的感想（呼玉麟）
一九三九年一月三一日　聖上御覽 滿映《國法無私》
一九三九年二月二日　血的注射《國法無私》與滿洲電影
一九三九年二月二日　《國法無私》的感想（呼玉麟）（崔德厚）
一九三九年二月一一日　《國法無私》的出演后感想（王宇培）

ラジオドラマ化とほぼ同じタイミングで始まった新聞での宣伝は、先ほどの推測を裏づけることになりそうである。『大同報』でこのような大規模な映画宣伝は、それまであまり見られなかった。しかもラジオドラマ化という新手法も使い、ラジオでの同時宣伝も実現できた。宣伝内容も多様になっており、出演者の体験談のほか、宮廷で溥儀にまで試写上映しているのである。「国法無私」がこれほどまで重視されて宣伝されたのには、何か特別な理由があったと考えていいだろう。検討を進める前に映画のあらすじをまとめておく。

青年検察官馮振鐸は岳玉梅という女子の殺人未遂事件を担当している。岳玉梅には専門学校に通う弟がいる。二人は幼い頃から両親を亡くした。弟が立派な大人になれるよう、岳玉梅は自分の青春を犠牲にするしかなかった。弟の学費を捻出するために、彼女は王家で家政婦をしていた。不幸に不幸が重なり、弟は重病で入院した。高額な医療費を用意するしかなく、岳玉梅は自分に好意を持っていた王家の主人に二回借金をした。ある日の夜、体を犯された彼女は、銃で王家の主人を撃って、殺人未遂で逮捕された。

事情聴取をしながら、検察官は岳玉梅たちの境遇が自分と妹に似ていることを気づいた。妹の素蘭は前から会社員の唐少樵と婚約している。しかし、検察官はある案件の調査中、唐少樵が賄賂を受け取っている事実に気づく。馮検察官は決断を迫られていた。彼は法律を守る側として妹の婚約者と対決するしかなかった。

岳玉梅の審判が始まった。検察官は事実を明かすために、妹に傍聴を求めた。たとえそれは妹の婚約者であっても、法律の正義を守るために、私情を捨てて唐少樵を逮捕しなければならないと彼は決めた(28)。

図：審判中のシーン

「国法無私」は満洲国で司法を題材にした最初の映画である。法廷での撮影を、満映は宣伝材料として使おうとしていた。出演者を何回も傍聴に行かせたりもして、満映は「国法無私」の撮影のために工夫をしていたことが分かる。また内容から見れば、満映の初期作品に比べて「国法無私」は物語から人物関係の設定、そしてセリフまでより優れていたことも事実である。このように力を入れて作り出した「国法無私」について、大規模な宣伝をかけても当然と言えたが、そこに実はもう一つの理由があった。つまり、満映にとって「国法無私」は一つの挑戦であり、それだけに特別であった。

（3）「国法無私」に隠された満映の意図と動向

「国法無私」を挑戦と見るべき証拠は、映画紹介に書かれている「水ヶ江龍一が満映に入って最初の作品」という一文にある。一九三七年八月に満映は成立した。弘報処と関東軍に支えられながら、満洲国独自の映画文化を生産するために、輸入映画に対抗せざるを得ない立場であった。映画人の不足は設立当初の満映にとって大きな問題であり、実力のある映画人の協力を得ることができなければ、映画の国策会社という理想は永遠に実現できないことは明らかであった。この問題を解決するために、日本から優秀な映画人を移入する策を満映は最初から考えていた。それに応えて渡満し、満映に大きな変革をもたらしたのは、日活多摩川撮影所の所長を務めていた根岸寛一であった。彼に声をかけたのは早稲田大学時代の旧友、当時満洲弘報協会理事の森田久であった。満映を統轄できる人を探しているという情報を関東軍報道部から聞いた森田久は、根岸寛一のことを思い出し、根岸はそれに応えて日活企画部長のマキノ光雄（後に満映制作部副部長）を連れて満映入社を決めた。

日本映画業界の重鎮を迎え、満映は映画人の移入で大きな変革を遂げた。これに関しては山口猛著『幻のキネマ満映　甘粕正彦と活動屋群像』が詳しいので引用しておこう。

　二人は、早速後詰めのスタッフを、日本から直に呼び始めた。

　脚本家は、『五人の斥候兵』等で名高い日活荒牧芳郎、松竹からは中村能行、八木沢武孝、新興キネマ高柳春雄、美術では、日活堀保治、榊原茂樹。監督は、日活多摩川からP・C・L

に移った大谷俊夫、水ヶ江龍一、山内英三、首藤須久、津田不二夫。

（中略）

こうして、根岸を慕う者と、マキノ光雄の顔によって、満映の製作陣は、以前とはガラリと変わり、ここに、ようやく映画会社としての基本的な陣容が整ったのである。(29)

根岸は常務理事長兼製作部長に就任するとともに、数多くの映画人を満映に入れた。「国法無私」の監督を務めた水ヶ江龍一もその一人であった。また、「冤魂復讐」の監督大谷俊夫と脚本家高柳春雄、「黎明曙光」の監督山内英三と脚本家荒牧芳郎も同様であった。ラジオドラマ化されたほかの作品はどうであろう。高原富士郎は一九三八年に満映に入って「知心曲」と「田園春光」を撮った。大谷俊夫は一九三八年に満映入って撮ったのは「冤魂復讐」であった。また、山内英三は最初に撮ったのは「富貴春夢」であったが、二作目の「黎明曙光」は満映と松竹の初めての合作映画で、大同劇団も出演した前例のない大作であった。

満映作品のラジオドラマ化は一時的な企画というより、満映の計画的な変革であったと言っても不自然ではないだろう。根岸寛一の渡満は、数多くの追随者を生んだ。その人たちが理想と夢を込めて捧げたデビュー作あるいは初期作品は、ラジオドラマ化されていたものが多い。満映にとっては、これらの作品は映画会社としての力を備えてからの初めての挑戦であった。「国法無私」に立ち戻ると、そのメンバーには水ヶ江龍一のほか、役者陣を率いる「東亜平和之道」で名を売った李明も北京から渡満して初めて主役を務めた。言い方を変えれば、根岸寛一の理事就任をきっかけに満映は民衆への浸透を始めようとした。その方法として、優秀な映画人を大量に起用すると同時に、新聞とラジオによる大規模な宣伝効果をねらったことであった。満映作品のラジオドラマ化は、その宣伝の一環として行われた。これで一九三八年末からの約一年の間に前述の満映作品が集中的にラジオドラマ化された理由が説明できる。そして、満映の変革期における映画、ラジオ、新聞の三者の協力関係も明らかだろう。

また、ラジオドラマ化されたこれらの作品で満映の名俳優を作り出すという、もう一つの目的があった。映画制作面での革新運動では、日本から実力映画人を移入するほか、俳優の養成も急務であった。そのために満映は俳優養成所を設立した。前述した映画の出演者リストに何度も名前が見える張敏、王宇培、劉恩甲などは、その一期生であった。また、民衆に注目されるために満映独自のスターも必要で、それも移入することが最初から決められ、それが北京から満映に入って主役を務めた李明であった。ラジオドラマ化された満映作品の出演者リストに、李明ほか満映俳優養成所の卒業生たちの名前が頻繁に出てくる。特に何度も主役を務めた李明は、後に満映の大スターになる李香蘭にまさるとも劣らずであった。彼女は満映に期待された通り、人気スターになった。実は、李明を北京から満洲国に誘うため、満映は彼女に主役として出演することを最初から約束していた。その作品こそが「国法無私」であった。

以上述べたように、「国法無私」の背後に満映の大きな革新があった。具体的には、日本から映画人を移入すること、自社養成所の卒業生を起用すること、そしてスターを作り出すという三つの方向に分けられる。これこそ「国法無私」が新聞で注目され、ラジオドラマ化された本当の理由だ

図：「国法無私」（満映）及び同じく旧正月に上映していた上海新華公司の「長恨歌」、「黄海大盗」などの広告。どの作品も上映時間は四日間になっている（『大同報』1939年2月22日）。

ったのである。

「国法無私」を始め、ラジオドラマ化された満映作品は、当時の映画配給制に対する満映と電々の実験にも見える。つまり、上映期間が限られている以上、映画の文化的価値を最大限に利用できる方法を考える必要があった。

満映は成立当初から映画を民衆に浸透させる使命を背負っていたことは前述の通りである。

配給制度上、満映は「映画の上映を命令する」権力を与えられたが、当時の上映時間は長くても数日間にすぎなかった（「国法無私」の上映期間も正月一日から四日までと四日間しかなかった）。初期の人員変動と組織調整を経て、一、二ケ月で映画一本撮影できるようになっていたが、撮影開始から制作完了までの必要時間は半年から一年であった。それに対して僅か数日しか上映できない現実は、贅沢としか言いようがなかった。せっかくの作品をより多く民衆に知ってもらうためには、ラジオドラマ化という方法が取られた。映画の価値を最大限に知らせるために利用できたほか、作品自体もラジオと新聞の協力で注目されることになった。その宣伝効果で実際に映画館に行く人が増えることも最初から期待されていたに違いない。これで上映前に作品のラジオドラマ化理由が説明できるだろう。

(4) 満映と電々について

メディア統制が厳しく行われていた満洲国でラジオは新興メディアとして伝統メディアの新聞と争うことなく、協力しながら普及と発展を遂げた。満映作品のラジオドラマ化という映画宣伝に関する三者の協力関係も明らかであった。つまり伝統メディアと協力関係を築いていたことは、満洲国のラジオも映画も同様であった。もちろん、映画放送劇の登場によって、電々の放送内容も充実していった。満映は電々を通して成長したとも言え、映画はラジオに協力を求めていた証明になると筆者は考えている。実際、ラジオと新聞の協力を得て、満映は民衆への浸透、宣伝効果の最大化、そして映画の価値を最大限に利用するという三つの目標を掲げていた。

映画関係の記事あるいは宣伝活動は「国法無私」の宣伝戦略を見れば分かるように、集中的に行われていた。それに対して映画上映後、映画を見た観客からの感想や反応はほとんど見られない。

満映の映画作品は当時でも評価が高くなかったことは周知の通りだが、感想や反応の声がなかったとは考えられない。すなわち、すべてのメディアは決められた方針に則して情報伝達の機能を果していたと言えなくもない。特に満洲国の場合、読者・聴取者・観客という受信側の反応を無視していることは問題として指摘できる。しかし、満映作品のラジオドラマ化の意義を否定することはできない。短い期間でありながら、新聞・ラジオ・映画という三者の関係を含め、当時のメディア環境を検討するための、不可欠な材料を提供している。

期間が短かかったのは、ラジオドラマ化が長く続かなかったからである。一九三九年九月、映画上映より一年も早く新京文芸放送話劇団によって放送された「黎明曙光」の後、満映作品のラジオドラマ化は停止状態となった。一九三九年、これは根岸の理事就任後、満映が迎えたもう一つの分岐点であった。この年の一〇月に映画法が施行された。映画制作、配給制度、脚本審査、輸入映画の上映制限など、さまざまな面で規制が始まった。一一月、甘粕正彦は根岸寛一の代わりに満映理事長に就任し、根岸は理事とされた。甘粕正彦がもたらした最大の変化は、前任理事長の本数優先方針を否定し、啓民映画と娯民映画とに分けて作品を作る方針に変えたことである。娯民映画の制作部長に就任したのは、当初根岸と一緒に渡満したマキノ光雄であった。また、一九三九年一一月、李明は「真仮姉妹」の撮影が終わると暫く満映を離れた(30)。

満映も甘粕の提唱に応え、できる限り満洲国出身の俳優を起用し、そのための養成訓練も強化した。満映作品のラジオドラマ化は一九三九年で一時終了し、満映の一回目の革新も幕を下ろした。甘粕正彦の登場によって、満映を新しい方向に導かれることになる。一方、満映と電々との事業関

李明已返北京

(照片—李明)

図：満映を離れる李明に関する記事。最後に「李さん、いつになったら帰ってくるの？支持者たちの期待を裏切らないでください」とある（『大同報』1939年11月18日）。

係はまだその後も続いていた。一九四〇年七月、満映は『芸苑情侶』を制作した。一人の劇団の女優がラジオと出会い、ラジオを通じてスターに成長する過程を描いた映画であった。監督大谷俊夫、脚本荒牧芳郎で、この映画は満洲国のラジオ放送事業を宣伝することが目的であった。電々も新京中央放送局をロケーション場所として満映に提供し、極めて協力的であった。この映画こそ、満映のラジオドラマ化に続いて電々と満映の本格的な協力事業による結果であった。

7　満洲国ラジオドラマの意義

一九三八年、演劇運動の隆盛とともにラジオの舞台にのぼり、一九四二年に至って芸術性を失い、宣伝ツールとして扱われたラジオドラマは、短いながら満洲国で独自の歴史を残した。満洲国でラジオドラマが一時的なブームを起こしたのにはさまざまな要因が重なった結果であった。電々の成立当初、満洲国ラジオの聴取者数はわずか七九九五人で、その大半は日本人であった。一九三九年に二重放送の普及と電々型受信機の開発・販売の結果、総聴取者数は二二万人にのぼり、日本人・中国人聴取者数の比率は半々であった。そしてその翌年、中国人聴取者数は初めて日本人聴取者数を二万人ほど越えることになった。[31]このことにより、聴取者数の需要を満たすという点で、第二放送の内容充実と多元化は重要なポイントになってくる。同時期に新劇運動の影響を受け、話劇が満洲国で人気を呼んだのに目をつけ、それをラジオ放送に導入し、ラジオのより広範な普及を目指したことは、放送側の必然的な動きであった。同時に、統治側の政治的宣伝と輿論指導の目的から出発した、ラジオ利用にこの動きは加勢することになった。

しかし、満洲国のラジオでは、発信側と受信側とのフィードバックという過程がほとんどなかった。政治的需要を代表した電々および電々と聴取者の中間にいる劇作家は、ラジオドラマの発展過程のなかでもっとも影響力を持っていただけに、ラジオドラマは誕生した当初から、文芸性と政治性の間でバランスを取らなければならないという微妙な立場に置かれた。ラジオドラマの満洲国での登場、発展および没落という過程をたどると、ラジオドラマは最初から文化政策に厳しく左右される位置に置かれていたのである。ラジオドラマの二つの創作手法、劇団によるオリジナル創作と既存作品を脚色して再編成するというのは、それぞれ体制に縛られ、妥協を迫られるところがあった。オリジナル脚本と言えば、自由創作と見えなくはないが、厳しい文化政策と審査・検閲システムのなかで創作する以上、制限が多すぎて日常生活、主に単純な愛情物語などを題材に狭い範囲で活躍するしかない状況であった。既存作品に対する脚色も、類型的に作品内容を充実させた一方、創作制限による題材の単一化と公式化の緩和という、その場をしのぐことであった。政治力の影響は膨らみ、厳しい検閲と国策順応を求められた結果、ラジオドラマの芸術性と大衆性は失われてしまったのである。

満洲国のラジオドラマは、社会の現実を劇的手法で再現したものではなかったかもしれない。しかし、同時に、ラジオドラマは満洲国十四年の短い歴史ながら、放送メディアにおける文芸的実験であったと言える。ラジオドラマは大衆生活に近づこうとした。そして、改変を迫られながらも生き残る道を模索していた。音声資料の散逸によって、当時のラジオドラマの制作レベルを確かめられないが、現在残されている脚本などの文字資料から、民衆の生活の断片を窺うことはでき、社会状況を再現するための重要な参考となる。

8　資料：放送されたラジオドラマ作品一覧

筆者が『大同報』と『盛京時報』のラジオ欄の調査によりまとめたもので、一九三八年八月から一九四四年八月まで第二放送で放送された作品名と放送時期を示している。記事の記載ミスや遺漏などが予想され、必ずしも当時のラジオで実際に放送された作品と完全に一致するとは限らない。（映）は映画の原作が脚本、（改）は外国の著作の改編、無印はオリジナル作品と思われる。

一九三八年八月一五日　父親
一九三八年八月二七日　夏夜
一九三八年九月一二日　静夜曲
一九三八年一〇月一五日　郷間的蘋果
一九三八年一〇月一六日　陌生人
一九三八年一〇月一七日　家庭教育
一九三八年一一月五日　国法無私（映）
一九三八年一二月一六日　黎明的楽土
一九三九年一月三一日　冤魂復讐（映）
一九三九年二月六日　四藩金蓮（映）

一九三九年二月一三日　飛箱
一九三九年二月二一日　夜語（改）
一九三九年三月一日　滿洲進行曲
一九三九年三月一〇日　小伯爵（改）
一九三九年三月一七日　獲虎之夜（改）
一九三九年七月三日　麥與兵隊（改）
一九三九年八月六日　最近的消息
一九三九年八月二〇日　聚散
一九三九年八月三〇日　新生
一九三九年一一月二日　松花江畔
一九三九年一一月八日　福爾摩斯探案（改）
一九三八年一二月四日　田園風光（映）
一九三八年一二月二六日　除夕
一九三九年一月五日　歡樂之門
一九三九年一月二一日　勇士之死
一九三九年三月一〇日　大年初一
一九三九年三月一四日　良緣
一九三九年三月二一日　偉大青年

一九三九年三月二六日　時代兒女
一九三九年三月三〇日　好事近
一九三九年四月八日　虹擔
一九三九年四月一二日　鄰家女
一九三九年四月二三日　朱買臣
一九三九年五月二四日　風雨之夜
一九三九年六月一〇日　窗外春天
一九三九年六月一一日　生活再設計
一九三九年七月一日　馬可尼
一九三九年八月一二日　一張借據
一九三九年九月九日　黎明曙光（映）
一九三九年一一月一〇日　少小離家（改）
一九三九年一二月一日　幸福之光
一九四〇年三月二八日　肉彈發雷管
一九四〇年一月五日　東方之光
一九四〇年二月三日　失去
一九四〇年三月三一日　驢背小俠士
一九四〇年四月二日　人的買賣

一九四〇年四月六日　赤子的心
一九四〇年四月二四日　拓荒者
一九四〇年五月二八日　說謊集（改）
一九四〇年七月六日　孟姜女
一九四〇年八月六日　暴風雨
一九四二年三月六日　紫丁香
一九四四年七月二五日　新天地

9　資料：二つの脚本

救生船㉜　笑泉

時間：一九三九年之秋
地點：天津近郊的大水中
人物：
黃德初―四十五歲
劉　氏―德初之妻，四十歲
慶　金―德初之子，十三歲

李　二━黃家的男僕，耳稍聾
趙　氏━難民母
久　子━難民女

音響：風聲，雨聲，波浪聲，船鏈聲，船板聲等

梗概說明：親愛的小朋友們久違了，榮幸的我們又要和諸位握手了，天津附近的大水災，想大家早已知道了吧？數千萬的人民，房屋，田地，財產，已蕩然一空。無辜的大衆，亦不知淹死了多少。水深的地方，竟沒了樓頂，這並不是虛張，實在是如此。水災地方的小朋友們，他們已經失掉了幸福，失掉了快樂，並且他們還在期待着救生船的到臨呢。我想大家對於正處在洪水大患中的小朋友們不能不同情吧。現在放送的這幕話劇，就是以天津附近的水災爲背景，題目叫做《救生船》。劇中的大意是這樣的：天津近郊一望無際的大水中，天上還落着連綿的細雨。災民們居無房屋，食無米糧，求救的救聲，頻叫於四野，呼援的狂喊，充滿了宇宙。這時十三歲的慶金和他爸爸，媽媽正坐在一隻載滿了家具的小船上，談論着三天後即沒有吃的東西的時候，忽然從遠處傳來了隱約的救命聲。十三歲的慶金聽見了，他便發生了一種慈善人道的同情心，即刻便要求他爸爸媽媽趕快去拯救那兩個置身洪水中的難民。但是因為船小載多，不能再增加重量的緣故，所以他爸爸竟拒絕了慶金的要求，而慶金急得哭了。這時，救命的呼聲已喊到目前，最後慶金被人道的同情心所驅使，不忍袖手旁觀，竟然說出情願自己跳到水中去救出那兩條性命的話來。他爸爸媽媽也被慶金這種爲別人而犧牲自己性命的精神感動了，終於還是答應了慶金的要求百般設

法的去救出了趙氏和女兒小久來。此刻忽然暴風狂浪大作，雨亦傾盆而下，可是這隻已載滿了家具和人的小船，怎能經著這暴風狂浪的打擊？在大家齊亂呼苦紊亂的當兒，慶金和他爸爸竟把船上所有的財產全部扔進水中，藉以減輕船的重量以免危險。諸位小朋友們，像慶金的這種壯舉，我想大家一定都很佩服和敬仰吧？希望小朋友都本這這種精神，向着興亞大業的前途上邁進吧！時間所限，不多說了，話劇就此開始。

佈景：一個暴風狂浪大水滔滔陰雨連綿的澤國場面

父：你看看，這水又張上一尺多了！上帝怎麼這樣和我們作對呢，若再這麼繼續的張水，繼續的下雨，恐怕連三層樓也要被淹沒了！唉！

母：是的，水若再不趕緊消下去，咱們把船上的食糧吃光了，那只好就得挨餓了！反正是錢又不能吃，東西又不能充饑。

子：（驚訝）爸爸，你看那邊水裡是漂來的什麼東西？

父：唉！這孩子怎的不知一點好歹呢，眼看着吃的都沒有了，還有那些閒心去管閒事，自己的性命還不知道交給誰呢！唉

子：爸爸，真的你看，還在水裡一出一沒的，準是個淹着的人呢。

父：傻孩子！這時候淹死一個兩個的人，這算是一件什麼了不得的事嗎？總算這場水災，還不知道淹死幾千幾萬呢。

母：鑫，你今年已經是十三歲了，怎麼仍然是不懂這道理呢？大人正愁得要命，你卻好奇的看這

個，瞧那個，誰還和你一樣的有那些閒心呢？

子：媽媽！只管愁悶又能當了什麼？

母：愁悶固然是當不了什麼，可是眼前遭遇着這空前未有的大水災，吃無吃！住沒住！下邊水浸！上邊雨淋！在水裡漂來漂去，糧米吃尽了，只是餓也就餓死了！唉！不懂事的孩子。

父：不要給他多嘴了，你聽風又大了，浪頭又這麼猛烈，我看還是叫李二把船划到那邊去，把船鏈到那顆大樹幹上比較安全一點。

母：對啦，風浪真不小呢！（高聲的叫）李二，風浪真大呀，你把船划到那邊去，鏈到大樹上去吧。

僕：向那邊划正是逆水，還不如向北邊，大樹跟前划呢。是順水，又省力，您說是不是？老爺。

父，母：（同時）隨你的便吧！

（浪擊船板聲，划水聲，船鏈聲，和着風聲雨聲伴奏）

父：李二，千萬可要船鏈牢呵，風這麼大！

僕：老爺，鏈牢了，不打緊。

（遠遠的救命聲隱約傳來）

子：爸爸，你聽，那邊水裡喊什麼？

父：你怎的老是好管閒事呢，哪裡有喊聲？

（救命的呼聲漸近）

母：你聽，不錯，喊著〝救命〞呢。一定是淹着的人，就在南邊不遠的地方。

子：你聽，呼聲近了！
母：呀！那不是嗎？看樣子還像是兩個女人呢，還不知伏着一塊什麼東西。
子：媽，（急）在哪裡？
母：鑫，你看，就在那裡，正在大海裡呢！
父：唉！嚷什麼？反正是咱又救不了人家！
母：咳！這場水災還不知道淹死多少無辜的良民呢，財產就更不用說了，唉！
子：爸爸，（憐憫的）您看那兩個在大浪裡的女人，真可憐呀！
父：可憐又有什麼法子呢？（淒慘的〝救命〞聲頻叫不絕）
子：爸爸，我聽着這種絕命的叫喊，心裡實在難受！爸爸，還是划船去救救那兩個女人吧？
父：傻孩子！咱能救得了嗎？
子：怎麼救不了呢！把船划過去就可以。
母：唔……可是見死不救，這也不大像話。
父：你們怎的這樣糊塗呢，小小的一隻船，已經裝滿了家具和四個人，你們想想，還能再載東西嗎？況且風浪又這麼大！
子：爸爸，船上的東西既然很多，可以把一些不要緊的不值錢的向水裡扔幾件子，不就行了嗎？東西能值了幾何，還是人命要緊呵！您想想，爸爸。
父：這孩子，話倒說得很輕妙，難道這些東西，你以為都是從天上掉下來的嗎？傻孩子！這都是我一滴汁一滴血換來的呵！

（救命聲喊到目前）

子：爸爸，您看多麼可憐呀，再過半個鐘頭，就都淹死啦！

母：鑫說的也很對，東西是有錢時可以再買的，扔幾件不算什麼，還是兩條人命要緊呵！

子：爸爸，（哭）還是去救救她吧！

父：（怒）嘿！（用力採着船板）你們都是只管說不管做，好容易載出了這點財產，已經是載了七八天了，這時再去白白的扔到水裡嗎？天底下哪有這樣傻的事？哼！你們想救人還是你們跳到水裡去，叫人家上來吧！東西我可不能扔。

子：（大哭）好吧，爸爸……您，您若捨得我……我……我就跳到水裡去救人家上船……爸爸……您捨得我就跳……！

母：（急）傻孩子！你急什麼？和你爸爸慢慢想法子呵。你爸爸也并不是不願意救人呵，因為咱的船又小，載又多，風浪又大，救人是很危險的呀！

子：（抽噎着）反正是也不能眼瞪着兩個人活活的淹死。

（此時求救的呼聲，風雨波浪聲雜成一片）

父：好！（採着船板）你們不用着急，爲着救人船若是出了危險，那我可先把你們娘兒倆推到水裡去！聽見沒有？

子：趕快放船罷，爸爸！再晚了人就淹死啦，您聽，救命的呼喊聲這會兒都微小了呢！

父：（高聲）李二，快把船鏈結下來，去救人。

僕：恩？（沒聽清）

父：（最高聲音）快把船鏈解下來，聽見沒有？你看那邊不遠，去救上那兩個人來。
僕：噯呀！看樣子再晚了，救淹死了。
子：快着吧，老俗鬼！
（救命聲波浪雨等聲劇作）
僕：呀！前邊的水太緊啦，船划不到跟前去。
子：快一點划罷，不打緊。
僕：不行不行！不行！浪太大，船又小，吃不住！
母：李二，水太緊就不划吧。把船停住，去拿繩子來，向那邊抛繩子，使她抓住繩子，再向這邊拉就得了。
父：快拿繩子。
子：繩子在這裡，給李大你叔。
（繩子落水之聲）
母：壞了！繩子被水沖下去了，沒有抓著！
父：趕快收回來再另抛。
僕：另抛？（使勁）哼。
（繩子落水聲）
子：又壞了！還是沒有被抓著。另另，另抛……
父：咳，這種抛法不成，還是先把繩子向她的上流抛，等到繩子沖到她跟前，她便抓著了。（高聲）李二給我繩子，我拋。
僕：好，給您吧。
父：（用力拋）喂！（落水）
母：好了！抓著繩子了。
子：好啦！（拍手欣喜）好啦！抓著了。
父：李二，快來拉呀！
子：（拍手雀躍）好啦，好啦！
母：（對水中人高聲）抓緊繩子，可別撒手呀！
趙：是啦，抓緊啦。（從遠處傳來）
僕：怪不得拉着這麼使勁呢。她倆還趴著一塊大木板子呢。
子：好了，好了！救上來啦。（歡喜得雀躍起來）
父：來，大家幫着把她們倆拉上船來吧。
（趙氏與小久上船聲）
趙：哎喲！我的媽呀！你們才是我的救命恩人呢，我先給老爺奶奶們叩頭吧！
父：不必叩頭，你們先坐一坐吧，難關是過了。
（小久哭泣）
母：你們什麼時候掉進水裡去的呀？你們姓什麼？
趙：咳！我的救命恩人！我姓趙，我們母女二人已經在水裡漂流了一天一夜了！若不是扒著那塊

木板子，早就沒命啦！（嗚咽）
（小久哭泣仍未止）
父：小姑娘，不要哭了，你幾歲了？
母：不要哭了，小姑娘，這是你媽媽嗎？
久：我今年十歲了，這就是我媽媽。
母：小姑娘，你餓不餓？我這裡有油餅，吃吧！別哭了。
久：太太！我已經好幾天沒吃飯了，謝謝您！
（暴風狂浪驟作）
父：呀！不好，起大風了！
母：真的，呀，大風來啦！你看那大浪吧！
子：不好了！爸爸，船要……（哭）
僕：呀！不好！
（暴風狂浪聲，船頭波聲，大家擁作一團，船板亂響）
父：（急）船太小，載又太大，那能成！
母：（厲聲）李二，快划走！
僕：呀！浪太大，划不動了！
趙，久：（同時）老爺奶奶，這可怎麼辦呀！（哭起來）
衆人一齊：不好了！船要……噯呀！

父：不好了！趕快把船上的東西向水裡掀吧！扔！
（東西繼續落水聲風浪交加）
子，久：（哭）
衆：呀！不好了！救命呀！

（全劇終）

拓けゆく楽土(33)　近藤伊與吉

配役
△大畑家警尉補（日系、二十七歳）
△王警士（満系、二十五歳）
△王愛蘋（王警士の妹、二十歳）
△趙警士（満系、二十五歳）
△呼玉麟（子供）
△菓子屋
△李景文（酒屋の主人、三十五歳）
△酒屋の女房（三十五歳）

△馬樹桐（阿片零買所の女二十五、六歳）
△軍使
△町の人多勢

一

田舎のちょっとした町の大通り
物売りや大道商人の声などが、面白く聴こえる
子供の泣声が近付いて来る

大畑　どうしたんだ…坊や…どうしたんだ…なにを泣いているんだよ…大きな男の子が鼻汁を垂らして泣いているのは可笑しいじゃないか！…ほら皆んなが見て笑っているよ。さ、泣くのを止めて、どうしたんだか話して御覧。
子供　（泣きじゃくり乍ら）隣の恩甲が、俺らの頭を叩いたんだい。
大畑　なんだそんなことで泣いているのか。
子供　だって痛かったたい。
大畑　痛かったたって、そんなことぐらいで泣くもんじゃないよ！坊やは満洲男児じゃないか！満洲男子が、そんなことで泣いちゃ駄目じゃないか…一体坊やは何処の児だったたい。
子供　床屋の呼玉麟だい。

大畑　あ、あそこの床屋の伜だったな！…よしよし小父さんがお菓子を買ってやらう。それを食べて泣くのを止めるんだぞ…それから隣の恩甲は小父さんが叱ってやるから…そしてこれから仲よく遊ぶんだよ。…やア今日は！…

菓子屋　あ、いらっしゃい警察の旦那。

大畑　この児にお菓子を五銭ぐらいやってください。さ、坊や、どれでも欲しいのを言いなさい…ときに主人、お上さんの病気の工合はどうかね！

菓子屋　お蔭さまで大分いいようですが、昨夜胸のあたりがいたいと言って、一晩中苦しみましたが…。

大畑　それやいかんな！あの病気は胸まで来ると、大分ひどいことになるんだが…やはり儂が以前に云った通り、医者にかけないといけないかねェ…。

菓子屋　いいえ、下手な医者より、旦那に診て戴く方が、直りが速いようで御座います。第一病人がそう云って居ります。旦那は神様か仏様のようなもので、旦那の顔をみると死んだおふくろの顔を思い出すとまで云って居ります。

大畑　あはは…。儂の顔がお上さんのおふくろの顔に見えるのは有難いが、どっちみち、儂の診察は素人療治だ。一時どめには役に立つだろうが、病気を本当に直せる訳じゃない。餅は餅屋と云うたとえが日本にあるが、病気のことは医者でないと判らないよ。街へ送って、医者に診せなさい。そう言っちゃ失礼かも知れないが、金が足らないのなら、また相談にも乗る。どうせ安月給取りの警察官だから、たいしたことも出来ないが、医者代ぐらいのことは、なんとかなるよ。

このすこし以前から、遠くに喧騒の声が聴こえる
男と女とが、何か言い争っているのである。

さ、ここに今日の薬がある。これを病人に飲ませなさい。すこしは楽になる筈だが、しかし断っておくけれど、是は一時押えの薬だよ。

是を飲んだから、病気が癒ると言うわけのものはないんだ。ま、ついでだから、病人の様子を見て行こうかな。私の顔がおふくろの顔に見えると云うなら、私の顔も薬の一つかも知れない、あは…。

男の声　旦那、警察の旦那、ちょっと来てください。向こう側の酒屋の夫婦が喧嘩をしているんです！

大畑　なに、夫婦喧嘩！

男の声　さうです、呑ん平の主人の奴が、薪雑ぼうでお上さんの頭を擲ったんです。

大畑　仕様のない奴だナ！よし！いま行く。…主人、病人を大切にしろよ。

二

酒屋の主人　なにを云やがる、このすべた女！

同　女房　畜生！さ、殺すんなら殺せ！畜生！くやしい！
酒屋の主人　貴様なんか殺したって、三文の得になるもんか出てうせろ！手前みたいな奴はもう厭き厭きした！さっさと出て行け！俺が出て行けと云うのに、出ていかねえのか！この畜生！
大畑　こらッ、待て！なんだ。みっともない！
酒屋の主人　やッ！警察の旦那！
大畑　なんと云うざまなんだ！日中、人の大勢見ている所で、なんと云うみっともないことをしているんだ。
酒屋の女房　ま、旦那、きいて下さい、この呑ン平の碌でなしが、近頃、若い…。
大畑　よし判っている。若い色女を拵えたと云うんだろう?!あの阿片零買所にいる馬樹桐と云うあばずれをな…。判っとる、警察ではなんでも知っているんだ。
酒屋の女房　そのあばずれに、悪い虫がついていることも知らず、私が居ない時には、家へ引っ張り込んで…。
酒屋の主人　おい、くだらねえことほざくな。
大畑　こら主人、お前は黙っとれ、…そりゃお上さん、主人の方が不可ン！色女を引張り込むようじゃ主人が悪い！殊にあんな素情の判らぬ女を引張り込むなんて、お上さんの怒るのももっともだ。よし、儂から八釜しく叱ってやろう?!…おい、主人、お前はたしか李景文と云ったな。

酒屋の主人　は、そうです。
大畑　お前阿片を飲んでいるな。許可書を持っているか?!阿片を飲んでもよろしいと云う許可書を持っているか?!ないじゃすまんじゃないか?!許可書もなしに阿片を吸飲したら、どういふことになるか、お前は知っている筈だ！阿片と云うものは、国民の健康に甚だ害がある。だから吸飲しては不可い。ただある種の病人には阿片が却って薬になることがある。その人々には特別許可書を出し、一定文量に限り吸飲を許すと云う規則が出来て、それをお前は、よく知っている筈だ。その規則に抵触する行為を敢えてしてもいいのか。
酒屋の主人　だから、俺が下らなねェことをしゃべるなど云っているのに、このすべたが、いらぬことをほざくものだから…
大畑　お上さんが悪いことはない！阿片を飲んでいるお前の方が、ずっと悪い！儂は大概のことは大目に見ることにしている。殊に満人諸君に対しては、指導することが先で、取締はそれから以後のことだと思っているのだが、法律を犯して阿片を吸い、こんないいお上さんを虐待して、馬樹桐なんてあばずれ女を、家の中へ引張り込むようじゃ、一応取り調べなければならないね。
大体儂の満語で通じるとは思うが、取調べの上に、言葉の間違いがあっては、お前が迷惑するだろう。一応分駐所まで来て貰おう。分駐所には王警士も趙警士もいるから、二人に通訳して貰って調べることにしよう。

三

（分駐所）

（王警士、電話にかかっている。）

王警士　は、解りました。つまり匪首の由相三と何とかの連絡をとっている者が、この町に入り込んでいるらしいと云うのですね。畏まりました、その通り大畑警尉補殿が巡察から帰って参りましたから報告いたします。尚、念の為にお伺いして置きたいのですが、その連絡をとっているらしい人間の人相等に就いては、なにも判りませんでしょうか？は、は、多分、女かも知れぬと云うのですか？畏まりました。その通り報告いたします。

趙警士　なんだね、事件は王君。

王警士　××附近に出没している匪賊ね、例の由相三を頭目にした三百名ほどのヤツがあるだろう。あれの討伐に向かっているのだが、彼奴等の行動が、あまりに此方の裏を掻くので、色々探索してみると、どうもこの町に情報をとっている者があるらしいと云うんだ、本署では。

趙警士　そいつは重大事件じゃないか。

王警士　そうだ、重大事件だよ。

趙警士　直ぐ大畑警尉補殿に報告しなければ不可ん。どうしているんだろうな、大畑さんは。また町を一軒一軒、病人の見舞だの子供の喧嘩の仲裁だのに歩いているのじゃないかね。

王警士　多分そうだろう。とにかく、珍しく親切な人だ。初めは日本の警察官だと云うので、この町の連中は色眼鏡を掛けてみていて、何をきかれても「我不知道々々々」で逃げていたものだが、近頃はすっかり馴染んでしまって、僕等満系のものよりも、大畑さんの方が人気がいいんだ。おかしなものだね。

趙警士　結局愛の力だね。誠心誠意、人を愛し、導いてゆく強い力なんだね。

王警士　そうだ、あの人には、私と云うものがないんだ。全身を挙げて満洲帝国の王道警察実現の為に捧げているんだよ、まあ考えると、僕等もいい上官を持ったものだ。

王愛蘋　あら、お兄さん一人？

王警士　なんだ、お前か？

趙警士　ひどいなァ、愛蘋さんは僕の存在を無視するんだからね。たった三人の警官しか居ないことの分駐所へやって来て…。

王愛蘋　兄さん、大畑さんは何処へいらしたの？

趙警士　あれだ！目的は別な方角だからね。ハッハッハ。お気の毒さま、大畑警尉補殿は、まだ巡察から帰って参りません。

王愛蘋　私、至急お目にかかりたいのですが…

王警士　どうしたんだ、愛蘋。

王愛蘋　お隣りのお嫁さんが、産気づいたのよ、だから至急大畑さんに来て戴きたいの。

趙警士　そいつはひどい。如何に大畑警尉補殿が、医者のことを心得て居られるからって、まさか産婆の役までは御存知ないよ。

大畑　（酒屋の李景文を同行して、入って来る）それは趙警士の言う通りだ。私も産婆のことは知らないね。
王愛蘋　あら大畑さん、聞いて居らしたの？
大畑　聞いて居ました。愛蘋さん、そりゃ私では無理だ。あの占者の家の横町に、周という婆さんがいるでしょう。あの婆さんのところへ行きなさい。あの婆さん、産婆の心得がある筈で、この間も行き倒れが産気づいた時、あの婆さんに来て貰ったことがあるから…ところで李景文、内部へ入れよ。遠慮しなくてもいいぜ。
李景文　へい。遠慮している訳じゃありませんが…。
趙警士　どうしたんだ酒屋の主人？また夫婦喧嘩をおっぱじめたのか？
大畑　いや夫婦喧嘩だけじゃないのだ。今度は少々おだやかでない行為があるので、一応取調べないと…まあ、よろしい、そこへ座り給え。それから王さんの妹さん、至急貴女は周婆さんのところへ行きなさい。
王愛蘋　ええ。
大畑　さあ早く。是から取調べを開始するのだから如何に王警士の妹さんでも、此処に居ては不可ん。——ところで、李景文どう云う訳で、無断で阿片を吸ったんだ。病気があれば言えばよい。届けなしに吸飲すれば、法律に抵触する。抵触した上は、処罰しなければならぬことになる。
李景文　へい、その、ちょっとした出来心で——。

大畑　出来心だけじゃないぞ。第一、お前はあの零買所にいる怪しげな女――ええ、なんと云ったっけな、あの女の名は――王警士、なんと云ったっけな、あの、あばずれの名前は――。
王警士　ああ馬樹桐のことですか？
大畑　そうそう、その馬樹桐と、お前は出来ていると云うじゃないか、一体全体、あの馬樹桐を、お前はどんな女だと思っているのだい、あの女の素情は――。
李景文　そりゃ、よく知って居ります。
大畑　知ってたら、気を付けなくては不可ん。あれには由相三と云う匪賊の親分があるだろう、一時あれの色女になっていてね、相当暴れ回った女なんだが、今では改心したと云うので、口先だけでも改心したと云うものを責めることは警察の精神に反するから大目に見てあるのだが――。
王警士　（呟く）馬樹桐――馬樹桐――。
大畑　なんだ、王君、あの女を知っているのか？
王警士　知っています。この間巡察のとき、よく調べておきました――だが、鳥渡お待ちください。ええと、心当たりのことがあります。先程、ちょうど貴方が巡察に廻られている留守に本署から電話がありまして、ええと、ちょっとお耳をかしてください。（囁く）
大畑　フーム！そいつあ臭い！大至急！大至急にここへ連れて来て呉れ。僕が直接調べて見る。そうだ。本署を呼んで呉れ。本署に連絡をとっておく必要がある。
（王警士、電話で呼出している）

大畑　李景文、こいつあ事件が重大になって来るかも知れんぞ。気の毒だが、お前は当分、参考人として此処に留置する。
（電話口に出る）
大畑　ああもしもし、本署ですね。署長殿は居られますか？××の大畑警尉補です。署長殿ですか、先程は巡察に出て居りまして失礼しました。電話の旨は承知しました。就いては心当たりがありますので、――ハッ、由相三の情婦で馬樹桐と云うのが居りましたね、あの女が零買所に化け込んで居りますので、只今是を連行して取調べて見ました上で、改めて御報告いたします。ハッ承知しました。よく判って居ります。その点は抜かりがありませんから、御心配のないように――。

四

（王警士の家）
（やや小時、愛蘋の歌う声が聞こえる）
愛蘋　あら兄さん、お帰りください。
王警士　ウン、御飯の仕度は出来ているか。
愛蘋　出来て居りますよ。今夜は兄さん好きな豆を沢山煮てあります。
王警士　そうかそれは有難い！今日は忙しいことがあった所為か、馬鹿に腹が減った。
愛蘋　忙しいって何かありましたの？

王警士　ウン、なんでもないがね、ちょっと面倒な事件が起きてね。――それより隣の嫁さんはどうだった。
愛蘋　安産よ！可愛い男の児が生まれたワ！
王警士　そりゃよかった！そりゃお芽出度いや。皆喜んでいるだろう。
愛蘋　そりゃ大変よ。家中で大騒ぎをしているワ。
王警士　だけれどおい、幾つらあわてたからって、産婆のことを大畑警尉補殿へ頼みに来るなんて、すこし変だぜ。
愛蘋　だってあの方は、なんでも知っていらっしゃるし、その上親切なんですもの？
王警士　そりゃそうだ。
愛蘋　あの方は、満人は誰でも好きよ。
王警士　お前もね。
愛蘋　そうよ、私、大好きだワ。――だけれどね兄さん、何故あの方、まだ奥さんを貰わないの？
王警士　そりゃ俺には判らないよ。直接大畑さんに訊いた方がいいねェ。
愛蘋　そんなこと、訊かれるものですか？――日本では、あんな齢になっても結婚しないのか知ら、それとも日本に奥さんいらっしゃるのか知ら――。
王警士　知らんねェ。
愛蘋　あの人、あんなに満人を可愛がっていても、満人をお嫁さんに貰う気はないのか知らん？
王警士　誰か心当たりでもあるのかい。——あったら兄さんが仲人になってもいいねェ。それより、お前、大畑さんのことと云ったら、一々委しく、根掘り葉掘り聞きたがるが、一体、どう云う訳なんだね。
愛蘋　知らない！
王警士　あははは——。兄さんのことよりも心配になると見えるね。まあ、いいだろう。
（遠くに銃声。続いて犬のけたたましい吠え声がきこえる）
王警士　なんだ、あの音は？
愛蘋　なんでしょう？
王警士　なにか事故でもあったんじゃないかな？
愛蘋　さあ、——それよりねェ兄さん、大畑さんね。
王警士　おい、また大畑さんの話か？
愛蘋　いいじゃないの大畑さんは、兄さんや、兄さんの同僚の趙さんなんかと違って、ずっと親切だワ——。
王警士　だから、どうしたと云うんだい？
愛蘋　どうもしないけれどさ。
王警士　それともお前が、大畑さんのところへお嫁に行きたいと云うのかい？そうだったら、そうで話の聞きようがあるがね。

（ドンドンドン、表戸を叩く音）
男の声　モシモシ、王さん居ますか！王警士はおいでですか？大至急、大至急――。
王警士　誰だ！
男の声　私です。駐在所からの使いです。大畑警尉補殿が大至急来て下さいって！
王警士　如何したんだ！
男の声　匪賊が襲撃して来たんです！約三百名、匪首由相三の一派が、今日検挙した馬樹桐をとりかえす為に、この町を襲撃して来たんです。
王警士　よしッ！直ぐ行く！
愛蘋　兄さん！
王警士　心配するなッ！
愛蘋　でも兄さん、相手は匪賊よ。然も有名な由相三よ！
王警士　由相三であろうが、三百人であろうが、俺は警察官だ！断然彼等に抵抗して、この町を、吾々のこの町を守るんだッ！それ、ぐづぐづせずに、ピストルと剣を取ってくれ！
王警士　大畑警尉補殿！おくれて済みません！
大畑　おお、王君か！よく来てくれた！
王警士　大畑警尉補殿一人ですか！趙君はどうしたんですか？
大畑　趙君か！趙君は、いま本署と連絡をとっている。本署へ至急救援隊を寄越してくれと電話しているんだ！王君、由相三なんだ！昼間話をした由相三、あいつが情婦の馬樹桐をとりかえしに襲撃して来たんだ！
王警士　やりましょう！死ぬまで闘いましょう！なーに、高が匪賊です何でも有りません！
大畑　有難う！王君。百万人の味方より、其の言葉の方が力強いぞゥ！
王警士　御安心なさい、妹はいま町中を駆け回って、自警団員を集めて居ります。自警団員たちは、喜んで町の危急存亡の為に身を犠牲にして働くそうです。又貴下の平素の日満一如の精神に感謝するのは此の秋だとばかり、皆大急ぎでここへ駆けつけます。
大畑　そうか、有難う。
趙警士　警尉補殿、本署との間の電話線は、まだ切断されて居りません。先刻の電話で、すでに乗馬隊が急行したそうです。もう少しで到着するそうですから、持ちこたえてくれと、署長殿が何度も繰り返して申されました。
大畑　そうか、よしッ！
趙警士　それから、署長殿は、弾丸は、あと何発残っているかと、それを気にして尋ねて居られました。
大畑　弾丸か？
王警士　どうしたのです？警尉補殿！弾丸はあとどれ位残って居りますか？
大畑　それがねェ、王君。斯うやって機関銃を発射して居るのだ非常に少なくなってしまったのだ。なにしろ、敵は三百名近くのものを、僕と趙君とで食止めているんだから…。

王警士　そうですか？…弾丸がなくなったら肉弾でやらかすんですね。呀ッ！町の自警団が救援にやって来ました。
大畑　よしッ！自警団に対する御礼は後から言う。趙君、あの連中を右翼方面に展開させてくれ。あの方面が町の入口になる。そこを警備させるんだ！
愛蘋　兄さん！何処？
王警士　おお、愛蘋か？…ここだ！ここだ！
愛蘋　兄さん何処？自警団の人々を連れて来ましたよ！
大畑　おお王君の妹さん、有難う。貴方の適宜な処置を感謝します。ですけれど、貴方は女だ。危ないから。早く家へ帰りなさい。そこらあたりは、盛んに敵弾が飛んできますよ！
愛蘋　いいえ、大丈夫です、日本人の貴方が、身を以て此の町を守って下さっているのに、如何に女だからって、私が黙って見て居れますか！どんな危ない事でもします。さ、鉄砲を貸しなさい！弾丸をこめて上げます。
大畑　有難う、愛蘋さん！
王警士　呀ッ！大畑警尉補殿！
大畑　なんだ、王君！
王警士　あれをみなさい！あれを！ほら三百米程前方に、白い旗を立ててやって来る奴が有りますよ！
大畑　ム、あれか！あれは白い旗を振っている上は、降伏したのか、軍使か、どっちかなんだ。

ヨシ！撃方を止めョ！但し王君、相手は匪賊だ、どんな計略があるかも知れない、何時でも機関銃を発射出来るように用意をして置いてくれ。（大声に）なんだ！なんの用だ！降参したのか？

（軍使が来る）

軍使　代表者に話がある！

大畑　代表者？代表者は俺だ！

軍使　いや、お前じゃ不可ない！満人の代表者はいないか！

大畑　ナニ？満人の代表者？王君！話して見ろ！ヨシ！此方へ来い！警士王志昂が話をする。

王警士　なんだ、話と云うのは――。

軍使　日本人の警察官と、馬樹桐を引渡しさえすれば、俺達は此の侭引上げて行く。

王警士　馬鹿、そんな事が出来るかッ！

軍使　出来なければ、話は終わりだ、俺達は鼠一匹残さず、此の町の生きものを叩き斬って行く！それでも良いか？

王警士　それでも良い！俺は満洲帝国の警察官だ。匪賊風情と妥協すると思うのか！馬鹿！

軍使　それならそれでよろしい。ただ吾々の団長がお前達の身の上を心配されたまでだ！あとで後悔しても遅いぞォ！

王警士　誰が後悔などするものか！

大畑　待て！まあ待て王君――、おい匪賊！俺とあのあばずれ女を受け取れば、この町を襲撃しないと云うのか！
軍使　そうだ！
大畑　ウム、そうか、よろしい！俺が行こうか！由相三と一騎打ちでたたき斬ってしまう。王君、止めるな。
王警士　不可ません！それは絶対に不可ません。死なば諸共です。
大畑　ナーニ、匪賊二百や三百何でもない、心配するな、若し大畑の一身に万一のことがあっても、この町が助かるのなら、なんでもないじゃないか。
王警士　いや不可ません。あなたが行くなら僕が行く、おい愛蘋、お前も止めろ！此の侭にしておくと、大畑さんはあんな気質の方だから、敵の方へいってしまうぞッ！
愛蘋　（大声に！）皆さん！（町の自警団の人々に！）大畑さんは村民の身代わりになって、敵中に行くと云って居るのです！どうします、皆さん、それを承知しますか！
（遠くの方で、大勢が何か叫んで居る！）
それ御覧なさい！皆さんは死なば諸共だ！この町の人が皆死んでも、大畑さん一人を渡すことは出来ないと云って居ります。皆反対です！
大畑　有難う。町の衆有難う。愛蘋さん有難う。よしッ！軍使、聞いた通りだ！戦闘開始！お前は引返せッ！
軍使　呀ッ！畜生！
（ピストルの音）

王警士　卑怯者！
大畑　アッ、やられた！
王警士　大畑警尉補殿！どうしました、しっかりしてください！彼奴は、私が射殺しました。しっかりしてください！傷は浅いようです、大畑さん！気をたしかにしてください。
大畑　大――大――大丈夫だ！しっかりしているよ！だが、だまし射ちにされたとは残念だ！
王君！僕――僕にかまうな！それより敵の襲撃に備えろ！右翼方面に守備の欠陥があるから、銃口はそっちへ向けて、敵の襲撃を側面から攻撃しろ！愛蘋さん、貴女は――貴女は――僕にかまわず、兄さんに弾丸の補充をしてください！僕の部屋の、本箱の引出しの中に、まだ三百発――三百発用意してありますから、――それを持ち出して来てください。おい、王君！斯うなったら――斯うなったら、最後まで抵抗して、満洲警官の意気を示してくれ！呀ッ！ああ――もう駄目だ！王君あとはよろしく頼む！万歳！大、日、本、帝、国、万、歳――。満、洲、帝、国、万万歳！
王警士　しっかり！警尉補殿、しっかりしてください！いま死んでは不可ません！そら、聴こえますかッ――本署から救援隊が到着して、左翼の丘の上から、戦闘開始のラッパの音が聴こえて居ますよ！もうちょっとだ！もうすこしだから、生きていてください！生きていてください！
愛蘋　大畑さん！救援隊が来ましたのよ！そら敵は退却し始めた！町の人々が追撃して居ります！しっかりして、しっかりして――いま、死んじゃ厭よ！私の夫！私の心で決めた唯一人の大切な人！死んじゃ厭よ！死んじゃ厭よ！

王警士　大畑警尉補殿――ああ、もう駄目だ！惜しい人を殺したア！満洲国王道楽土建設の為に――、満洲国王道警察の華と散ってしまった！一身を挺して、吾々の町を守ってくれた人だ――。愛蘋！忘れるなよ！この人のことを、一生涯忘れるなよ！

愛蘋　（泣声）

（ラッパの音など）

（おわり）

第五章　学校放送

第五章と第六章では、満洲国のラジオ放送をイデオロギー諸装置の一つと定義し、その機能を考える。この二章で取り上げるのは、教養放送の一環である学校放送と、放送とスポーツを結合させたラジオ体操である。この二種類の放送は前章までに述べた放送内容と違い、受信機が作り出した聴取空間から社会公共空間にまで浸透したところが、その共通点であり、特徴である。放送と教育を結びつけて作り出された学校放送は、満洲国で独自の放送形態を有していた。それは生徒に対する教育放送というより、教師の育成を重視したことである。そして、放送とスポーツの融合から生み出されたラジオ体操は、やはり日本におけるラジオ体操の成功を参考にし、満洲国の多民族性を乗り越え、「国民統合」の身体的儀式としての建国体操が編み出された。社会公共空間にまで浸透して、放送側の理念をもっとも直接的に聴取側に押し付けたこと、つまりさまざまな社会機関とともに、イデオロギー諸装置として放送が利用されたことが、学校放送とラジオ体操の共通した特徴である。以上の点を念頭に置き、ラジオ放送のイデオロギー機能とコミュニケーション機能について考察する。

1　学校放送について

前章で触れたように、満洲国のラジオ放送には指導的イデオロギーが常に盛り込まれていた。報道放送と娯楽放送の成長とともに、電々の施設拡充も次第に大規模となり、満洲国でのラジオ聴取者は数十万人にまで達する飛躍的な普及を見せた。この実績からみれば、放送側の方針はそれなりの効果があったことは否めない。しかし、放送内容からみれば、報道放送と娯楽放送は、聴取者の需要に応える放送形式であり、そこにイデオロギー的内容を注ぎ込む場合には、あくまで隠蔽的でなければならなかった。そのバランスは慎重に調整する必要があった。ラジオドラマが満洲国で衰退したのは、不適切な調整がもたらしたと考えられる。一方、報道放送と娯楽放送に比べ、教養放送のほうは、聴取側の需要というより、放送側のイデオロギー的指導がより直接的に伝わりやすい形式であった。もちろん、聴衆者の好みを完全に無視することはできないが、バランスの調整という面で言えば、放送側にとって比較的操作しやすい領域であった。

教養放送とは、第二章で簡単に紹介したように、放送番組で「満洲語講座」、「日本語講座」、「家庭の時間」、「幼児の時間」、「政策の時間」、「省市政の時間」などを指す。そのほか、前章で論じた講演放送も、この分類に入れられている。特定の社会属性をもつ集団をターゲットに、放送内容を編成し、放送することは、教養放送の一つの特徴である。聴取対象を特定することによって、聴取者のコントロールも比較的容易であった。たとえば、公務員を聴取対象に想定した「省市政の時間」は、各官署に聴取規定を作らせることを通し、ほぼ強制聴取に近い効果を果たせた（第二章1―(3) 政策の時間と国民の時間、「省市政」の時間を参照）。公務員のほか、教養放送の対象にされた大きな集団と言えば、学校を社会生活の中心としていた教師と生徒たちであった。そのため学校放送は、教養放送のなかで特別な性格を持つ放送形式であった。「省市政の時間」と同じく、教室などの校内施設が番組聴取の場所とされた学校放送は、家庭の受信機が作り出す聴取空間を遥かに超越していた。また、学校という特定の社会属性を有する対象に放送することで、ラジオはより大きな機能を発揮することになった。教養放送の一側面を学校放送を対象に、考察することにする。

ところで、学校放送という概念は満洲国ではじめて現れたものではなく、一九三五年、日本で教育補助を目的として打ちだされた。学校や放送などを、イデオロギーの諸装置として定義するルイ・アルチュセールのとらえ方[1]に従えば、政府、行政機関、軍隊などの中央集権化された単一体に対して「社会諸構成体」には教育、宗教、家族、政治、組合、情報、文化などの多様な「装置」がある。前者は「国家の抑圧装置」として、「力」によって機能するものであり、後者は「国家のイデオロギー諸装置」と呼ばれ、イデオロギーによって機能する。傀儡国家として作られた満洲国は、日本によるイデオロギーの浸透が常に深く根をおろしている植民地でありながら、表面上は独立国家としての装置や諸社会装置を備えていて、それぞれの機能を行使していた。当時の満洲地域でラジオ放送事業が大いに推進されたのもその一つの表われであった。

本章ではあまり注目されてこなかった、日本の学校放送の満洲地域への拡大過程とその内容を検討し、放送内容や放送方針における「国語政策」、「多民族統合」というイデオロギー的な面に視点を置き、学校と放送を組み合わせた装置の機能を検証する。

2　学校放送の発端と拡大

(1)　日本における学校放送

日本ラジオ聴取者数の大幅な増加に伴い、ラジオの教育的機能に対する期待も大きくなってきた。昭和四年初頭に、東京中央放送局を中心に教育放送委員会が作られ、二月に開かれた会議では、

「社会教育をいかに処理すべきか。組織的なる学校教育の方法によるべきか、あるいは通信授業の形式によるべきか」などが議論された。(2)

委員会では、ラジオによる教育放送は、通信教育の形式によるべきことで意見が一致し、数回にわたって審議を重ねた結果、小学生に対する放送（音楽など）、中学男女生徒に対する放送（学習学科の補助となるもの、修養に関するもの、鑑賞的なもの）などの放送内容が決められ、いわゆる学校放送のひな形ができあがった。

審議案が出されてから、東京放送局や大阪放送局を始め、学校放送の実践・実験が数多く行われたが、全国向け放送が決まったのは、一九三五年であった。放送開始十周年の際に行われた放送番組の拡充に伴い、学校放送が全国放送に登場した。逓信省と文部省の共同審議の結果、四月一五日、当時の文部大臣松田源治の講演をもって、「学校の先生が致します児童の訓育や学科目の授業活動に、力をあわせて先生のお仕事を助ける性格のものであります」という役目が定められた。放送初日の番組内容は以下のようであった。(3)

午前　七：五〇　ラジオ体操
　　　八：〇〇　朝礼の時間
　　　　　　　　国歌「君が代」斉唱
　　　　　　　　訓話　学校放送の開始にあたって　文部大臣松田源治
　　一一：〇〇　尋常一・二年の時間

唱歌　イ、日の丸の旗
　　　ロ、よい音楽
　　　　　　　　　指導　小松耕輔

午後　三：一〇　教師の時間
　　　　　　　学校放送の開始に際して　東大教授　春山作樹

講話や音楽のみの放送になっているのは、最初の記念放送であったため、やや形式的なものであった。後の放送番組として、体操と朝礼時間の次に、「学生の時間」と定められ、学校教育に補助的な番組内容を編成し放送する規定は文部省より出された。(4)

全国放送となった学校放送の受信施設および受信方式は、基本的にクラス単位であった。それ以外に、放送対象あるいは放送目的に応じて、教職員室や屋外での放送もあった。一九三七年の学校放送に対する調査研究報告によると、学校放送の聴取施設として計画的に聴取するために次のような条件が満たされることが要求されていた。(5)

一　各クラスが無理なく利用できる程度の受信セットをもつこと
二　昼間電力や教室の配線の問題が解決されていること
三　拡声器の音声が明瞭なこと
四　機械の故障がすぐに修理できるような状況にあること

つまり、教室を主な聴取場所とした当時の日本における学校放送は、受信機と拡声器の併用で放送局からの電波をキャッチして生徒たちに伝えたことが分かる。後に、各教室にスピーカを置き、制御室のスイッチ操作によって必要な分だけ伝えるという理想的な聴取案も出されたが、資材や実施上の問題もあり、ほとんど実行されなかった(6)。後の満洲地域における学校放送も含むが、現在の学校放送の聴取方式と違い、放送局から一般的な放送番組として学校放送の電波が飛ばされ、それを学校に置かれた市販の受信機でキャッチし、必要な場合、拡声器も使って生徒に聴かせるという仕組みであった。そして、利用率をみると、「初期には、小学校五一パーセント，高等科四二パーセント，開始後六年の太平洋戦争直前には、小学校八〇パーセント前後、高等科七〇パーセント」と、増加する傾向が示された(7)。

日本で始められた初期の学校放送について、二つの特質を指摘しておきたい。一つは明確な生徒への教育補助という目的である。全国で始めたこの新しい放送形式の時間割を見ると、生徒向けの放送時間は朝一〇時一〇分から午後三時一〇分まで五時間も与えられているのに対し、教師の時間は生徒向け番組の後からわずか三〇分間に過ぎなかった。つまりこれは前述の松田源治が述べた学校放送の教育補助という役目を意識し、生徒向けに大いに力を注いだ結果であった。もう一つは、学校放送という独特な放送形式から生み出された管轄権の二分化である。すなわち、番組編成上は放送局・逓信省の管轄下にあり、放送実施上は学校・文部省で行われるというものである。

昭和九年四月に、放送部の中の社会教育課を、教養部に昇格し、講演・講座の二つの係を置いた。間もなくこの二つの係は、それぞれ課になった。この教育部長に、文部省社会教育局の成人課長であった小尾範治氏をむかえ入れた。同じ年の九月には、文部省普通学務局の学務課にいた事務官森本勉氏をむかえた。さらに東大で教育学を専攻した小川有文・宮原誠一両氏をむかえ入れ体制を整えた。(8)

これは、後に日本を中心として、満洲国・関東州・台湾・朝鮮などの植民地ラジオ放送圏のなかで大いに重視された教養放送を営む教養部の発端に触れた部分であるが、注目すべきは構成人員の多様性である。学校放送の管轄権については、文部省から共同管轄という申し出を逓信省は受け入れなかったという経緯があったにも関わらず、一九四一年の国民学校令によって、学校放送は法律上、正式な授業科目に認められ、文部省の管理も受けるとされた。これによって学校放送方針に基づいた放送内容を編成し、放送組織上も、文部省と逓信省との相互監督という協力体制がとられたのである。そもそも学校放送を運営する教養部に文部省の影響力も及んでいたように、初期の学校放送とその運営機関は、逓信省と文部省の下に置かれたラジオを利用した新しい教育施設であった。

(2) 満洲地域の学校放送

日本での学校放送は全国放送となり、ある程度、研究や実績の蓄積ができた後に、満洲地域への放送が計画されたと考えられる。一九三九年九月三〇日、満洲国にも学校放送委員会が設けられ、「放送参与会ノ機関トシ学校放送（第一、第二）ノ実施ニ関スル具体的方策、番組編成、聴取施設方策等ニ付審議スルモノトス」[9]とその役割が定められ、満洲地域での学校放送を直接管轄する機関が成立した。

学校放送委員として在満教育部教務課長成田政治を含め七名が推薦され、同時に新京、奉天、ハルビン、大連、錦州、安東、牡丹江、チチハルの八ヶ所に学校放送地方委員が置かれた。これらの地方委員は教務部長より推薦された各地学校長、視学、学校組合主事などであった。学校放送素材の収集および放送実施に関して現地放送局との折衝連絡を行うことが仕事であったため、電々側もそれに応じて放送局長、放送課長（業務課長）などを地方委員として任命した。一九四〇年一〇月に新京の地方委員会が中央委員会に昇格し、その他の地方委員会をまとめて管轄する機関とした。

日本と違い、満洲地域の学校放送は、当初教師向けの放送から始まった。一九三九年一〇月二日、日本大使館教務部長今吉敏雄並びに電々放送部長であった前田直造が「学校放送開始に当たって」という挨拶放送を行い、満洲地域の日本人教師を対象とする学校放送を開始した。最初の放送は回数も少なく、毎週月曜午後三時三〇分より三〇分間で、まず新京より「国民歌」を送出し、次に各局送出の講演を二〇分間、更に教務部提供の「教育だより」という順序であった。この放送番組は「教師の時間」と名前が付けられ、日本のそれと一致させていた。

放送開始の翌年に、学校放送拡充案により「教師の時間」は内容的にも放送時間的にも大幅に拡大させられた。まず放送日を月曜日から金曜日まで放送することとし、放送内容に関しては満洲編成（月曜、金曜）のほかに東京中継も入れる（火曜、水曜、木曜）という新たな番組編成方針が取られた（こういう学校放送の当時の受信状況および「教師の時間」の利用状況に関しては、本章末尾資料参照）。

一方、日本で学校放送の最大目的、そして、もっとも重要な内容として作られた生徒向けの放送番組は、満洲地域での学校放送のなかでは、なかなか進められなかった。

一九四一年五月、学校放送中央委員会において、生徒向けの放送を開始することが決められたが、「国民学校令による午後の授業が主として体錬、音楽、工作にあることに呼応し、午後二時より三十分間体操及び鑑賞用音楽を放送すること」を決定しただけで、実質上の放送内容としては「体操と音楽」のみで、日本よりその質を一段低くしたものであった。日本のような教室向け、教育補助を中心にした放送を企画するに至ったのは、生徒向け放送を開始した約半年後の一二月であった。「体操と音楽」という簡易な第一段階を経て、受信校及び受信に関する技術力についてある程度把握ができ、第二段階として学校単位の放送出演、「私達の勉強」という番組企画を実践することとなった。放送を開始したのは一二月一日、「教科中心、一回一校単位の出演、出場学年の制限なし、対象学年を定めず、放送形式、内容とも随意として担当局のみ指示する」という自由奔放の企画であった。翌年の一月より、教育上の指導を伴うために、月曜、木曜を低学年向け（一、二、三年）と、火、金曜を高学年（四、五、六年高等科）向けとし、水曜日は学校向けニュースを教務部編輯にて放送することとした[10]。

内容的にかなり充実がはかられた満洲地域の学校放送は、教育補助という役割を果たせるものとなってきたようにみえるが、ここでは時期の問題がある。一九四二年の初頭から始まった生徒向けの放送番組であったため、太平洋戦争の進行と共に、戦時体制に巻き込まれることになった。満洲地域では、そのすべてが戦争によって大きく変容した。戦争開始前後の学校放送は放送内容や聴取形式でかなり異なるのだが、その前にもう一点押えておきたい。

満洲地域のラジオ放送では常に多言語、多民族という視点を忘れてはならないだろう。つまり今まで紹介してきた満洲地域の学校放送は、いわゆる在満日本人に向けて日本語で発信されたものである。しかし、中国語を始め、ロシア語、朝鮮語などの言語が日常生活では使われていて、文化統合を目的のひとつにしたラジオ放送はそれを無視することができない。そこで、日本語を使う第一放送と中国語を使う第二放送という特別放送システムがつくられたのである。(11)

日露戦争から満洲国建国後に至るまで、日本人の子どもは、満鉄が管轄する付属地の日本人学校に通っていた。ところが、一九三七年、治外法権の撤廃によりこの付属地がなくなったのだが、教育体系は相変わらず他民族とは別個のものとして存続した。日本人が通う学校は駐満全権大使が管轄するようになり、日本国内に準じて運営された。(12)日本人学校に中国人やほかの民族の生徒は入れないことはなかったが、ごく少数であった。

しかし、第二放送では、生徒向けの放送が終始できなかったことが第一放送ともっとも異なっている点であった。聴取施設の不備がその最大の原因と言われた。一方、中国人教師に対して教養を培い、国策を浸透させるために、放送を実施し始めたのは一九三九年五月であった。民生部次長神吉正一より各省次長宛学校職員必聴の通達が出され、その要点は次の二項であった。(13)

一　各学校をして可及的に受信機を具備せしめること

二　学校教職員は必ず之を聴取すること、やむを得ざる事情ある時は日満各一名之を聴取し後全職員に説明すること

放送開始当初は毎週水曜日の午後四時より三〇分間の一回のみであった。五月三日の第一回目は民生部編審官一谷清昭指導の音楽、田村教育司長の放送開始挨拶、そして民生部ニュースが放送された。(14) そして同年一〇月四日に放送回数が週二回、月曜と水曜に拡充され、民生部教育司学務科長を代表とする中央委員と地方連絡委員が置かれて、第一放送のそれと同じく学校放送委員会の管轄下に置かれるようになった。

以上で、学校放送の日本における発端、満洲地域への広がりと発展、そしてその構造を考察した。日本と満洲地域を比較すると、いくつか興味深い点に気がつく。教育補助を目的とし、生徒向けの放送を重視して教室まで放送を浸透させることに大いに努力を注いだ日本の学校放送に対し、満洲地域では、なぜか教師向けの放送が最初に注目され、生徒向けの放送は、日本人生徒に対しても形式的な展開でしかなく、中国人側のそれは欠落のままであった。さらに、上述した神吉正一による通達文にあった通り、第二放送は「必ず之を聴取」と強く規制され、第一放送の方針と異なっているところも唐突にみえる。換言すれば、日本人教師、日本人生徒、中国人教師を対象に構成された三つのセクションのなかで、メインとなったのは教師向けの放送で、なかでも中国人教師向けのものがもっとも重視された。以下では教師向けの学校放送にしぼって、その内容と方針を探りながら論を進めたい。

3 イデオロギー装置としての学校放送

満洲地域で放送された「教師の時間」について、その番組内容をそれぞれ第一放送・第二放送に整理して、次のような表にして対照してみたい(15)。

日本からの中継を除けば、両放送は放送内容ではかなり違いがある。とくに月曜日の「国家施政の解説」と「一般常識の啓発的内容」は、第二放送・中国人教師向けにしか放送されていない、独特と言えるだろう。第一放送では、日本とのつながりが強く、教育的な内容を中心に編成されたが、第二放送では、前述の二つの番組と水曜日の「日本語指導講座」を含め、授業と直接関係ない、政策的な放送がかなり入っていることがわかる。ちなみに、両放送の放送方針について電々の社史によると次のような記述がある。

(第一放送) 満洲の如き広域に散在する日系教師に対し更に指導者的訓練を施し、五族指導の実績をあげる為には学校放送の動脈的役割が認識されねばならない。学校数が増加するにつれ、日本人の満洲移住が愈々熾んになるに伴って学校放送の重要性が増すのは当然であり、その拡充強化が考慮されてくるのである。

第一・第二放送の「教師の時間」

「教師の時間」・第一放送		「教師の時間」・第二放送	
月	教育講話	月	国家施政の解説
	体育講話		一般常識の啓発的内容
	教授法講話		
	教師の常識涵養に資すべき事項		
火水木	東京入中継	水	教育講座
			日本語指導講座
			教材講座
			授業実況中継
金	科目別教授法及び体験談	金	地方教育者の現地報告（1942）
	朗読コンクール		研究発表（1942）
	読本朗読		
	唱歌及びその講評		

（第二放送）学校放送の意図は地方文化の枢機的地位にある教師に対し、国策、施政方針の徹底を計り且つ教育的文化財を培養せんとするもので、第一部のそれと自ら方向を異にしている。一方は国家的に充分の常識を具備した社会であり、是は未訓練の状態にある教師への補助教育である。

このように、第二放送での学校放送は、中国人教師を対象に、国策、施政方針の徹底を要求するもので、第一放送のそれと方向を異にしている。「指導者的訓練」を施す第一放送と違い、中国人教師は「未訓練の状態」にあるとみられ、それに対して補助教育を行うための放送となっている。したがって、国家施政の解説、日本語指導講座などは、その「未訓練」の教師のための補足材料となった。

ところで、日本語講座が必要とされた理由

は、満洲国の言語政策と関係すると思われる。戦時中の日本の植民地では、日本語が唯一の共通言語として定められ、他言語の使用を禁止する政策が取られた。当時の台湾や朝鮮などでは、言語統制が厳しく実行されて、中国語や朝鮮語の使用は禁止されていた。しかし、満洲国の場合、「五族協和」という理念のもとで、日本語と他言語の共存が認められ、強制的な言語政策を取ることはなかった。とは言っても、満洲国では、すべての言語が平等の位置づけではなく、事実上、日本語が優位を占め、日本語によるイデオロギーの創出も期待されていた。当時、「日満一徳一心」という観点から、日本語は満洲国の国語たるべきだとする次のような議論もあった。

共通語たるべき日本語は、新生満洲国の建国精神たる惟神の大道を履践し来った日本文化、日本精神を理解する上に、極めて必要なものである。換言すれば、日本語の普及によって満洲国を構成せる各民族が満洲国国民たる精神を体得し、日満一徳一心の理想を民族的にも達成し得る端緒を與へることとなる。(16)

満洲国は傀儡国家として登場した当初、「五族協和」を唱えて基本的にそれまで使われた中国語をそのまま使用し、それに日本語による諸制度を導入しようとした。しかし、一九三七年の日本治外法権撤廃と満鉄附属地の返還を経て、一九四〇年以降には日本との「一体化」を推進するため、「東亜共通語」というイデオロギーのもとに日本語の普及により力を入れるようになった。日本語以外の言語が使用禁止とされたわけではなかったが、日本語を第一国語としての地位に押し上げるために、政策や実用面で日本語の優位性を強調し、普及をはかった。たとえば、中国人学校の場合は、教科書は日本語と中国語を両方併用していたが、日本語ができるかできないかが将来の進路を左右する一要因となった。日本語の普及により、「満洲国国民たる精神を体得し、日満一徳一心の理想を民族的にも達成」させることが期待されたのである。

教育面では、一九三八年から実施された「新学制」において、教科目の「国語」として日本語・中国語・モンゴル語の三つが認定されたが、実際の教育ではこの三言語から二つを教えることになっていて、選択肢の一つに必ず日本語が含まれ、それぞれ週に八～一〇時間程度、初等教育第一年次から教えることが義務づけられた(17)。

一方、放送では、「国家観念の比較的希薄な民衆に民族協和、王道精神、日満一徳一心という様々な国家の指導原理を昂揚し東亜協同体の建設に協力」を求めることを第二放送の基本的な方針として、番組が編成された(18)。したがって、単なる教養放送の一環と見なされていた学校放送だったが、実際は国家施政、日本語講座などを通して、日本語普及と深く関係し、「満洲国国民たる精神」、そして日本人への一体感が求められたのである。さらに、第一放送での学校放送の理念と結びつけて考えれば、日本語普及に協力する学校放送の一つの使命が明らかになってくる。

学校は、「ノウハウ」を教える場であり、放送は、情報伝達の手段、教育の内容を拡散する手段である。そして、学校では教える立場の教師が伝達にとって不可欠と見なされていた。日本での最初の学校放送は、その「ノウハウ」が授業に対する教育補助であったが、満洲地域では、国策などの普及によって指導する・指導されるという構造が確立され、学校と放送を組み合わせることによって一種のイデオロギー装置がつくられたのである。

こういったイデオロギー装置のもっとも重要な機能が、放送方針に書かれていたように、指導の確立を補助することであった。満洲国が作られた当初、大いに宣揚された「五族協和」では日本の指導的地位が常に強調されていた。日本語の社会的優位性を裏付けるように、各政府機関の管轄権が日本人に握られ、その背後には関東軍・日本が支える植民地的な構造が潜んでいた。軍隊、警察などの実際に目にみえる強制性と違い、支配的イデオロギーへの服従、あるいは支配的イデオロギーの習得を前提に、学校・放送というイデオロギー育成装置も満洲国では機能をしていた。

アルチュセールの説に基づけば、満洲地域のイデオロギー装置は二種類にわけることができる。一つは軍事、政策、法律など、様々な統治力や強制的力をもって、服従の確保を目的とする「抑圧装置」である。その代表的なものは軍隊、警察などの絶対的な権力を持つ機関であり、満洲地域でその頂点に立つのは言うまでもなく関東軍であった。こういった装置のもっとも直接的な機能としては、反抗を許さない統制力による「秩序」の維持である。しかし、「抑圧装置」には「浸透」という機能がない。この機能を果たすのは、学校や放送を含め、出版、宗教、家庭、様々な社会的組織にまで至る「イデオロギー諸装置」である。これらの諸装置は、それぞれで独自に動くのではなく、様々な組織や制度が一つのシステムを形成し、顕現的ではないイデオロギーの日常的な実践を通して「浸透」がはかられた。学校放送の場合、学校という教育的装置と、放送という情報的装置の組み合わせにより形成されたイデオロギー装置であった。

学校放送でのイデオロギー装置としては、放送に組み込まれた国語政策の浸透と教師に対する指導である。前述の通り、台湾や朝鮮などで行われた、日本語を唯一の「国語」として位置づけ、言語の純化による日本統制の強化は、日本語と中国語両方を国語にした満洲国では行われなかった。しかし、満洲国では国語政策が存在しなかったわけではなく、むしろイデオロギー諸装置によって実践されたと言える。満洲国では、いわば両言語ともに普及政策を組まなければならなかったのである。実際、一般的な放送番組として第一放送で中国語講座、第二放送で日本語講座を放送したが、学校放送の場合は後者しか行われなかった。そして、両放送の内容と方針はそれぞれ目的を異にし、日系教師には指導的立場を自覚させ、中国人教師には施政方針の押しつけをもって、学校放送がイデオロギー装置としての機能を発揮していた。こういった装置の下で教師たちには生徒への教育や影響、即ちイデオロギーの浸透、拡散が期待されたのであった。

4　戦時における学校放送の変容

一九四一年一二月、太平洋戦争が始まり、満洲国でも戦時協力が求められた。この時期の学校放送の変容は、学校・放送というイデオロギー装置の機能をもっとも具現化したものであった。

日本では、思想の統制、文化活動、言論の統一のために、放送局の活動が情報局の支配下に置かれるようになり、学校放送も、文部省のほかに、情報局の下で文化活動を担うこととなった。その方針として「敵がい心の昂揚、生産の飛躍的増強、明朗闊達なる戦時生活の確立」があげられた。戦況の深刻化とともに、教育に対する戦時体制の強化がはかられ、「精神訓練の徹底、国防訓練の強化、生産の増強、職業指導の徹底」という戦時教育の要綱が出された。その中の精神訓練については「至誠尽忠、職分奉公」などが要求され、教師の時間では「戦時増強の教育実践」などの番組が作られ放送されることとなった[19]。

日本での学校放送の方針転換と密接に関連して、満洲地域の学校放送も激変した。まず、生徒向けの放送では、「大東亜戦争の勃発は学校放送の運営方針を根本的に修正、在来の平和的平時的内容形式を放棄し時局下少国民錬成の一途に即した放送へと変換すべき」という方針が打ち出された。「少国民の覚悟、将兵への感謝、時局的行事の記録等に取材するやうに変更」され、さらに、「朝礼の時間」が設けられ、これらの学校側における聴取を法令的に規定し、強制的聴取とした[20]。

「教師の時間」も放送方針が変更された。「中央中心の番組編成であったが、地方教育の向上、刷新に協力する意味を以て地方提案番組を慫慂し中央委員会に於て審議採択」するものとされた。特に第二放送の場合、「満系の日本信倚は一段と強くなった感があるが、更に日本の現状、日本精神、日本武道への認識を新たにする事により、日満一体感、北辺鎮護の光栄を得せしめる」という目的のため、いっそう日本への傾倒を趣旨とする番組が編成された。「大東亜戦下些かの揺らぎなき神国日本の真姿を放送し、満系教育者に著大なる精神的感化を與へる」というふうに日本への協力を強く求めていた[21]。

第一放送では「指導者」を教育することから、戦時時局への関心を高める放送理念へと変化したが、第二放送では、満洲国の国策および日本語を普及するという目的から、日本への戦時協力を引き出す内容へと変わっていった。いずれにしても、教育的という機能はほぼ捨てられ、戦争の泥沼に引き込まれつづける日本とともに、学校放送の終焉も迫ってくる。物資不足により受信機の保有が困難となり、一九四五年になると、日本を中心とした学校放送はついに中止に追い込まれた(22)。

5　学校放送から考える

満洲地域の学校放送は、目的と機能上、日本のそれと根本的に異なるものであった。そもそも運営システムで文部省と放送局の共同管理下に置かれた日本の学校放送に対し、満洲地域では、教育部と放送局からそれぞれ委員が選ばれ放送委員会がつくられたが、その委員会は放送参与会の下に置かれていた。つまり、教育部と放送局の共同管理による教育を目的とするシステムにみえるが、実際はそうではなかった。放送参与会は、満洲地域のラジオ放送事業の放送内容の企画、審議を目的とし、関東軍、関東局、弘報処、交通部、協和会そして電々からそれぞれ重役を集めて設けられた機関である。こういうシステムのなかで「日系への放送教育確立と共に、満系指導により大東亜放送教育圏の重要なる一環を構成(23)」することを主旨とした満洲地域の学校放送が実施されたのである。

「日系教育確立」と「満系指導」の背後にあったのは、日本の指導的イデオロギーの拡散である。前述の「教師の時間」に対する分析の結果をみればわかるように、日本人の指導的地位とその他の民族の協力的立場という潜在的なメッセージが、第一放送と第二放送の番組にそれぞれ込められている。しかし、戦時変容期以前の満洲地域の学校放送には、こういう機能はあくまで暗示的なものであった。本章の分析により、放送を手段とした学校・放送というイデオロギー装置の機能が幾分明らかにされたといえる。

しかし、本章の分析は、満洲国の教養放送に対する考察の一部にすぎない。冒頭に述べたように、特定した社会集団に向かい発信することは教養放送の特徴であるが、講演放送のように、聴衆側全体を対象とするものもある。学校放送のように限りあるラジオの聴取空間を超え、満洲国・関東州全域にまでイデオロギーの拡散を果たした、両者の性格を持つ教養放送の形式もあった。それについては次の章で論じたい。

6　資料：学校放送

満洲地域における学校放送の聴取状況および施設状況に関する基本的な資料は未発見である。参考資料として『満洲電信電話株式会社十年史』の調査資料から次のように整理してまとめた。しかし、この調査結果は第一放送の教師向け放送を中心としたものである。

・学校放送受信施設並び聴取状況調査（第一部）

昭和十六（一九四一）年六月、在満教務部と協力し、在満国民学校、男女中等学校、青年学校宛調査用紙を送り学校組合を通じて回答を求めた。これは五月より実施中の「教師の時間」「在満国民学校体操」の利用可能範囲を知り、且つ施設状況、受信状態を調査し将来の教室向放送実施に備える予備的調査である。

施設状況（1945年5月、関東州を除く）

	一般地	開拓地	計	総校数ニ対スル比
有施設校数	224	40	264校	59%
未施設校数	73	110	183校	41%
学校総数	297	150	447校	

施設箇所別設備数（国民学校）

種別／施設	イ式*		ロ式	ハ式	計	百分比
	親受信機	拡声器				
校長室	4	0	0	0	4	0.50%
職員室	44	0	33	99	176	18.60%
講堂	11	46	2	0	59	6　%
教室	0	365	3	15	383	3.90%
廊下	0	21	0	0	21	2　%
宿直室	0	0	0	9	9	1　%
その他	10	174	2	20	206	2.10%
運動場	0	85	0	0	85	9　%
計	69	691	40	143	943	

* イ式は拡声器を利用するスピーカ式受信機で、ロ式とハ式は当時の市販する受信機のモデル

第六章　ラジオ体操

1　忘れられた満洲国のラジオ体操

二〇一一年八月、中国国家体育総局から「第九套広播体操」（ラジオ体操第九、以下「第九套」と略す）が発表された。これは学生、労働者、公務員そして会社員を対象としたものであり、国民の健康増進を目指し、一般民衆への普及も意識している。それを受け、インターネット上では、ラジオ体操ファンによる「第九套」をベースにした「第十套大衆広播体操」、「第十一套大衆広播体操」など、公式のラジオ体操をより平易化した民間のラジオ体操も続出している。ラジオ体操人口は中国では減少していると指摘されているが、総人口から見れば、一定の数を保っており、その勢いはいまだに止まっていない。

現在の「第九套」までに至る中国のラジオ体操は、一九五一年に公表された「第一套」がその嚆矢と目されている。中華人民共和国が成立した直後、体育事業の発展と国民体質の向上は急務と認識され、当時のソ連と日本のラジオ体操に基づいて最初のラジオ体操が開発された。政府による普及と民衆の需要がラジオ体操の拡大に相乗効果をもたらし、五一年から九〇年までの四〇年間、ラジオ体操は第一から第七まで増え、日常生活に溶け込んだ近代スポーツとなった。この過程でラジオ体操は、教育機関在校生を主な普及対象とし、児童、青年に対する体質向上のために大いに発展、普及したが、時代の進歩や環境の変化によってその需要が減り、現在はスポーツというより旧来の習慣に対する懐旧的な行動になっている側面もある。以上が中国におけるラジオ体操の歩みの大まかな見取り図である。[1]

しかし、中国のラジオ体操史で、ほぼ忘れられている時期がある。それは、日本で初めてラジオ体操が放送された一九二八年から、「第一套」が誕生した一九五一年までの間である。この時期の中国南方（主に国民党の支配地域など）のラジオ体操に関しては詳らかではないが、少なくとも現在、中国で東北淪陥区と呼ばれている関東州および満洲国には、ラジオ放送事業の普及に伴いラジオ体操が存在したことは事実である。しかし、それに関連した文献や先行研究はごくわずかしかなく、[2]具体的な状況および日本より伝来した経緯、受容効果については明らかにされていないところが多く、いまだに空白の部分だと言えるだろう。

本章ではこの三十年代、四十年代の満洲に焦点をあて、ラジオ体操に関する空白の解明を目指す。あわせてこの特殊な時期におけるラジオ体操の歴史的事実と機能を検証できればと考えている。

2　日本から満洲へわたったラジオ体操

（1）　日本のラジオ体操

一九二五年三月にアメリカで公布されたメトロポリタン生命保険会社のラジオ体操が、同年七月に日本に紹介された。その後、日本ではラジオ体操放送について検討が行われ、一九二八年、簡易保険局は日本放送協会、文部省の協力を得てラジオ体操第一を制定した。同年一一月一日、昭和天皇の即位大礼記念事業の一環として、朝七時から東京中央放送局によって放送されたこのラジオ体操第一は、保健事業として国民に紹介する目的で、翌年の二月から全国に放送することになった。一九三二年、ラジオ体操第二の放送も開始され、保健体操として普及してきたラジオ体操は大きな拡大の時期を迎えた。全国的にラジオ体操の会が結成され、それとともに政府や会社などの組織による宣伝勧誘も行われた。さらに学校放送にもラジオ体操が取り入れられ、ラジオ体操ブームが日本中に広がっていった。(3)

当時のラジオ体操について、次のような言葉が見える。「この運動は全国幾千万人の人々が同じ心を以て、同じ時刻に同じ運動を全く一斉に実行するものである」と。(4) 天皇即位の記念事業として行われたラジオ体操は、まさに「国民に健康向上という目的を持つ運動でありながらも、国民に健康であることを強制するシステムであり、人々は国家のために健康であることを善とするモラルを内面化」させるシステムでもあった。(5) ラジオ体操は、ラジオ電波で全国民の身体を同時的に一律的に動かすことにより、国民を集団化し、国家システムのなかに取り入れ、その思考や行動までコントロールしようとする装置として、この時点で確立されたのである。これ以降もラジオ体操は日本が全体主義、軍国主義の国家へと邁進していくなかで、その機能をいっそう強化していくが、ラジオ体操が空間を越えて満洲にわたった経緯や拡大していく様子を見ておきたい。

(2) 大連のラジオ体操

満洲におけるラジオ体操は意外に早く、その場所は、関東州の大連であった。日本内地でのラジオ体操が大いに成功を収めた後、内地からの中継を開始した大連のラジオ放送に、ラジオ体操もその一つとして導入された。最初に放送されたのは、日本と同じラジオ体操第一で、大連ＪＱＡＫ放送局により朝六時に放送された。

大連でラジオ体操が最初に導入されたのには、二つの理由が考えられる。三〇年代の初期は、まさに満洲国のラジオ放送事業の草創期であり、この時期のラジオ局は数量と設備の面において中継放送できるレベルに達していなかった。一九三二年、新京中央放送局が設立されて、満洲全域での放送局増設や日本との連絡中継放送の実現可能性が視野に入ってきていたが、事実上、中継連絡放送を含めた満洲国のラジオ放送が機能し始めたのは、新京に大電力放送施設が建設され、日本語、中国語番組を同時に並行して放送する二重放送が始まってからになる。したがって、ラジオ局がわずかに二、三局しかなかったこの時期の満洲国では、ラジオ体操に対する需要もなければ、必要もなかった。

これに対して日本とほぼ同じ時期にラジオ放送を導入し、一九二五年七月から実験放送を開始していた大連では、ラジオ放送という文化の蓄積がある程度できていた。そして、一九三一年六月に短波で内地中継を始めていて、ラジオ体操の電波を通じた拡大の条件を備えていた。

それにもう一つの要因は、大連の歴史に関係する。日露戦争の終戦以後、大連は関東州の中心地として発展してきた。植民地として日本に従属し、その影響を受けながらも独自の文化を育んできていた。満洲国の誕生とその後の勢力増大により、大連はしだいに満洲国側に傾いていくことになる。だが、この三〇年代初頭は、まだそこまでに至っていなかった。とは言え十数万の日本人を受け入れた大連は、文化面では日本とのつながりが強かった。その頃の大連は、日本と満洲国の間にあり、日本からの伝来文化を親しく感じ、受け入れやすい空間であった。そこにいた人たち、特に日本人はこの変動をより敏感に感じ取ったと思われる。だからこそラジオ放送も早い時期に大連に導入され、そこにいる日本人の日常生活、精神文化に対する慰安という機能が大いに期待された。つまり、内地文化の優れた受け手としての大連であったからこそ、ラジオ体操に対する需要があったのである。

(3) 大連におけるラジオ体操の普及

最初のラジオ体操普及運動は、満鉄と大連放送局の連携により行われた。一九三二年、満洲国が成立、溥儀を執政として擁立し、その「御即位の大礼を記念し奉ると共に広く一般国民の体育を奨励し、健康を増進して昭和維新に於ける国家の進運に貢献すべき[6]」という目的をもって、同年日本でラジオ体操第一の後を受けて作られたラジオ体操第二が満洲に導入された。一二月七日から大連放送局主催、満鉄後援のもと、満鉄本社三階講堂においてラジオ体操講習会が挙行された。この講習会は七日、八日の午後四時から二時間程度、二回開催され、その対象は満鉄社員をはじめ、それ以外の会社員、専業主婦、公学堂生徒にまでおよび、「両日の講習生徒人員四百余名で非常な成功裡に終了した[7]」という。こうしてラジオ体操が大連に居住する日本人の生活と結びつくようになった。

しかし、講習会だけではまだ十分とは言えず、より広い範囲における一般民衆への普及が必要となり、これを達成するため、満鉄はさらに動き出した。『満洲日報』の記事から、その様子を見てみよう。

満鉄社員の早起運動についてはその後大連市および大連神社側も大賛成の意を表し関係者の間に打合せを行った結果、場所は神社で提供し大連市社会課および満鉄社員会共同主催とすることに決定、満鉄側でラジオ据付けを負担市側で阪本次人（朝日小学校）岡秋夫（聖徳）柳井繁利（嶺前）脇本三一（南山麓）の各先生を指導員として依頼することとし、一九日の朝から九月末日まで大連神社広場にてラジオ体操を行ふこととなった。なほこの早起運動は一般市民の保健上も有効な方法なので市側は各小学校に又満鉄側は各社宅にビラを配って広く老若男女の参加をすすめる筈で体操時間は午前六時半より七時までの二班に分かれて居る(8)。

この記事からも分かるように、満鉄の普及活動は講習会よりもっと直接的であった。これによって、当時大連にいた日本人たちは、ほとんど全ての人が日本におけるラジオ体操に関する記憶を呼び起こされたものになった。その上、神社で実施することにも深い意味が込められていたと思われる。人々は実際に神社の姿を見て、内地との繋がりを強く感じ、自らこの活動に参加したくなったにちがいない。はたして、結果としては想像以上の成功を収めることができた。次の記事がその事実を物語っている。

大連神社広場において毎朝行われているラジオ体操は非常な好評を博し、この種の運動は最初は物珍しさに参加者が多いが日を経たるに従って減少するのを常とするに反対に段々増加し最近では三、四百人の多数が集まるに至った。この調子では大連神社広場では狭隘を告ぐるに至るべく、（中略）目下協議中で近日中に実現を見るべく新設体操場の候補地としては▲沙河口方面　沙河口神社▲聖徳街方面　太子堂付近▲老虎灘方面　嶺前小学校▲東部大連　日之出町満鉄社宅が挙げられている(9)。

わずか一ヶ月弱の期間に、毎日四百人ほどが集まることとなり、場所を一ヶ所から五ヶ所にまで広げなければならなくなったラジオ体操の成長を見るにつけ、その速度と規模の激しさが感じられる。健康運動とはいえ、ラジオ体操は一種の特別な魅力を持って、当時の人々の心をつかんだ。一九三三年の全満ラジオ聴取人数が八千人にも満たないのに対し、ラジオ体操の普及の勢いは遥かにそれを超えるものであった。つまり、これは重要な点であるが、それぞれが個人的にラジオを聴き、ラジオ体操をするということではなく、特定の場所に集団で集まって行うことが不可欠で、家から出かけ、神社広場で一緒にラジオ体操をするからこそ、急速な普及に勢いがついたのである。

（4）ラジオ体操の儀式的機能

当時、ラジオ体操に対する執着はほとんど日本人にしか生まれていない。その中に潜む「自発性」、「自主性」というものはどこから来たものであろう。

日本でラジオ体操第一の放送が開始された二年後のことだが、ラジオ体操の普及に大いに力を入れた逓信省簡易保険局により、ラジオ体操の感想文が募集された。そのなかには、東京に単身赴任し、慣れぬ環境と激しい競争のなかで戸惑い、ラジオ体操を始めた若者からの投書もあった。

流汗思わず膚を通ずるさへも覚えて心身共に爽快なる気分となり、知らず身は雑沓塵埃繁き丸の内界隈に在るを忘れ、宛も大自然の恩愛に抱かれるが如き、一種壮厳清純なる気に打たれ、地位名誉金銭等にのみ汲々たる現代人の心を全く離れて健康美――生命の溌溂――其処から生ずる絶大の幸福愉悦の感に我独り浸り得る事が出来るのであります。

（全国民）実行の暁には啻に国民健康上に於ける一大福音たるに止まらず、その情誠、その規律正しさ、その団結の結晶は、やがて質実剛健所謂大和魂の発露ともなって、知らず識らず忠君愛国の美風は、より和やかに我が光輝ある瑞穂の国になびきよせるでありませう。(10)

ラジオ体操から健康美を感じ、「規律」と「団結」を見出し、それが「大和魂」と「忠君愛国」が生まれるにまでなるという話である。同じような経験が、当時の大連にいた日本人にも少なからずあったと思われる。「満洲」という中国北方の大地に憧れや情熱を持ち、身を投じた日本人は数多くいた。しかし、「外地」生活のなかで感じる違和感やとまどい、それにより生じた「内地」への郷愁、そういった感情を抱く日本人たちが、同胞に共同体意識を求めるのは自然であろう。その共同体意識が実際に感じられる場所がラジオ体操の場であったのだろう。

「満洲」に住む日本人の気持ちは、この投書に劣らないほど強かったと考えられる。だからこそ大連でのラジオ体操の普及は、その勢いが止まらなかったのではないだろうか。ラジオ体操は大連では市民運動となり、一九三六年までにその場所はすでに「大連神社、日本橋小学校、嶺前小学校、光明小学校、下藤小学校、大江町陸軍広場、忠霊塔、伏見台小学校、聖徳太子堂、沙河口神社」の十ヶ所に増やされた。次の文章から、当時の体操風景が一瞥できる。

近来の一快心事として私の目撃した事を御報告申上げます。其日の早朝駅附近を偶然通りかかりますと、朗らかな体操の号令が突然耳に入りました。ふと其方を見ると、そこの広場に満鉄の職員が数十名集って一糸乱れず、而も如何にも愉し気に号令に合せて体操をしているところでした。号令は傍に置いたポータブルから流れ出るのでありました。私は暫く釘づけになった様に立止って飽かず眺めていましたが自づと微笑の浮ぶのを禁じ得ませんでした。近来になない愉快な光景でした。之は日本人職員のみならず、別に支那人側にも日本人が指導して実施しているのをその後見ましたが、体操が斯くも普及して来た事に今更驚きましたが、同時に邦家のため実に心うれしく思った次第であります。(11)

ラジオ体操が大連にいる日本人に受け入れられ、生活の中で欠かせない存在となっていたことがわかる。体操をする姿を見るだけで、それは「愉快な光景」となり、「微笑の浮ぶ」こととなる。そして、いかにもそうすることは「邦家＝国家」のためだと言うのである。

大連のラジオ体操普及過程は、日本でのそれといくつか共通している。というより、日本の経験を用いて大連で実施したのであろう。

まず、天皇即位の記念事業としてラジオ体操が日本で始まったが、大連でも同じく即位記念をきっかけにラジオ体操は始められた。同じ時刻に同じ運動を一斉に実施するという特徴があり、両者とも普及運動に関わって広場、神社などの公共の場所に人を集め、練習、大会ないし遥拝などの儀式的な行動を行った。

ラジオ体操は短時間で運動量も少ないため民衆の体質向上の補助に顕著な効果があるとは考えられない。しかし、簡易な動きを通して、共同体意識、帰属意識を引き出せることは無視できない。実際、ラジオ体操は往々にしてスポーツの一項目ではなく、大衆動員儀式という範疇に分類され、スポーツを越えた機能が求められた。

即位記念の際にラジオ体操が用いられることからラジオ体操の儀式的機能を説明できる。儀式とは権威を記号化したものである。帝政儀式のもっとも重要な機能は、「王」である地位、権威を具現化するところにある。儀式を行うことによって、一見無意味な集団的行動と厳密な行動基準が権威への服従の象徴に変化する。そして、定期的に儀式を行うことで権威の顕現化を証明するだけでなく、儀式自身も集団の生活に沁み込み、習慣となっていく。

一方、ラジオ体操をする側、つまり儀式に参加する側にとっても、この儀式によって権威に対する服従を示すだけでなく、生活習慣として受け入れたラジオ体操から同じく行動をともにする人との一体感を求めることができ、一種の生存環境に対する危機回避が可能となる。このような機能があるからこそ、「ラジオ体操は国家のために健康であることを善とするモラルを内面化」することができ、前掲の投書となったのであろう。

同じような経験が関東州・大連に住む日本人たちの間にも共有されていたにちがいない。つまりラジオ体操は、日常的、規律的に繰り返される身体運動を通じて、日本人という民族意識や日本への帰属意識、共同体意識を確認する一種の儀式にほかならなかった。ラジオ体操が大連にいる日本人の間で急速に普及し拡大していく背景にはそのような要因があったのである。

3　満洲国のラジオ体操

(1)　建国体操の誕生

放送する側からは、大連のラジオ体操の普及は意外性があったとも考えられる。健康増進という目的から「大和魂」、「忠君愛国」に結びつく力は、日本だけでなく、満洲国でも必要であった。全国への拡大を図るに従い、満洲国でのラジオ体操が変化し始めたのであった。

前述の通り、満洲国のラジオ放送は、二重放送というシステムを採用していた。「五族協和」という理念に合わせ、第一放送を日本語、第二放送を中国語、その他（朝鮮語、モンゴル語など）にして、多言語番組を並行して放送するシステムである。第二放送の場合はほとんど中国語で行われたので、その受信側もほぼ中国人になると考えられる。ラジオ体操を関東州から満洲国に導入するには、設備の問題は第一歩にすぎず、この二重放送に適した放送内容と中国人側への聴取促進を考えなければならなかった。この問題を解決するために真っ先に検討されたのは、満洲国独自のラジオ体操を開発することであった。

一九三五年溥儀の第一回日本訪問に合わせ、新京の満洲国文教部で関東州、満洲国政府、満鉄による「日満体育連携連絡打合会議」が開かれ、「体育を通じての日満提携、民族の協和は先ず現地日満人大衆の提携にあり」、「満洲大陸全部が一様の体操を実施すること」[12]という合意を得た。これに応じ、三者からそれぞれ委員を選び、「民族協和の精神達成に貢献」できる体操を研究し始めた。その結果、一九三五年五月一五日、「御訪日記念建国体操」を国民慶祝大会に当たって全満に発表し、翌日から「電々会社ではこの新しく生まれた建国体操の普及に協力するため早速十六日午前六時の満語ラジオ体操の時間を皮切りに今後引続き満洲のラジオ体操として新京放送局より全満各局へ中継放送すること」[13]となった。

この体操はのちに「満洲国建国体操」(以下、建国体操と略す)と呼ばれ、第一放送で日本語、第二放送で「チエンクオ・ティツァオ、ユウベー!(建国体操用意!)と年がら年中、寒暑の区別なく朝六時ラジオのスピーカーから[14]」中国語の号令が流れ、民族を越えるラジオ体操の拡大計画が始まった。

建国体操の持つ意味は甚大であった。溥儀の日本訪問に合わせて全満で実施される建国体操には、「一徳一心の日満関係を永遠ならしむる[15]」という使命があった。それまでのラジオ体操には、中国人への普及にそこまで意識されていなかったが、新京の中継により、第二放送でも建国体操が取り入れられ、全満にわたり日本人と中国人のラジオ体操による一体化が開始された。もちろんこれはラジオを通じて放送するものであるが、満洲全域の全民族を意識して作られたものであり、その推進にはラジオの普及状況に拘束されず、学校、会社、官署などの組織も動員された。新京をはじめ、全満普及の各コースが実行され、各会社や官署までも代表を派遣し参加することが要求された。その上、満鉄が主催する「全満健康週間」もほぼ毎年行われ、建国体操が大きな構成プログラムとなっていた。そして、この普及のために講習という形式が実行されたのである。こうして建国体操が次第に一般民衆の中に浸透していくようになった。

(2) 建国体操の拡大計画

建国体操発表二年後の一九三七年、一大事があった。それは「一九三七年三月一日の建国記念日に新京大同公園にて行われる建国体操は内地においてもこれを中継し全国各都市に於て満洲国側に呼応して午前十一時十分より二十五分間一斉に体操会を開催[16]」することになったからである。電波を通じて、日本と満洲国がつながり、二十五分間にわたった「一心同体」を、まさに体を通じて感じる、文字通りの体感、体験であった。

また、一九三七年、「新京で全満各地の学校より選抜した学童生徒を以て体操競技大会を開催、国民一般の体操に対する関心を喚起する[17]」ように、建国体操は初めて教育現場を通じて一般民衆の生活に入っていった。満洲国では、日本よりやや遅れて学校放送という放送形式も開始された。学校に放送設備を備え、放送局からの電波をキャッチして教師と生徒に聴取させる形で、毎日午後二時からの三十分間は「体操と音楽」の時間となった。こうして学校では毎日建国体操の音楽が流れるようになった。しかし、満洲国では、日本人向けの第一放送と中国人向けの第二放送という二つのラジオ放送が存在していたのと同じように、学校教育でも、日本人向けの学校と中国人向けの学校に分けられていた。日本語力がよほど優れていれば中国人の生徒でも日本人向けの学校に入学は可能であったが、極めて少なかった。本来、二重放送というシステムが出来上がっている以上、学校がそれぞれに適した放送内容を選んで聴取すれば良いだけであったが、中国人向けの学校では、ほぼ放送設備を具備していなかったため、生徒向けの学校放送は実行できない状況であった。つまり、毎日午後二時の体操の時間を実際に経験していたのは日本人学校の生徒だけで、学校におけるラジオ体操の効果は半減していたと考えられる。

そのような状況の中で、確実に日本人と中国人が同一時間にラジオ体操をする場所が用意された。それは建国体操が一般民衆の生活と結びつけられた一九三七年であった。同年七月、満洲国全域で建国体操大会が開催され、職業、性別、民族など一切を問わず、ラジオ体操大会に参加することができた。この大会は三七年から毎年七月に開催されることとなり、参加は自由であったが、もちろん学校、官公署など、機関の職員や学生の恒例イベントになった。

一九三七年は満洲国のラジオ体操・建国体操にとって重要な一年であった。同年七月に開催された建国体操大会はもっとも端的にその理由を教えている。日本との中継による体操大会をはじめ、学校、政府機関、一般民衆へのラジオ体操の浸透がにわかに強要されている背後にあるのは、単なる健康向上という目的でなかったことはいうまでもない。その背景には日中戦争の導火線、盧溝橋事件があった。日中戦争の勃発によって、日本では国民総動員が行われた。「日満一体」を唱える満洲国は当然その影響を受け、全体主義の強化によって国家統制体制を確立させることが急務となったのである。その重要な役割を担うラジオ体操が推進され、建国体操大会という形ができあがったのである。

(3) ラジオ体操の儀式的機能に対する検証

ラジオ体操を全体主義の道具として見る言説はよく見られる。戦時下のラジオ体操に対する機能的検証で、スポーツとファシズム、スポーツと国民意識や全体主義との関係が論じられている。しかし、本章で検討したように結局のところ満洲国のラジオ体操は、全体主義を強化させる道具としての機能を果すことがほとんどできなかった。満洲国の崩壊まで、ラジオ受信機の所有率はわずか四パーセントにすぎなかった満洲国の中国人にとって、日常のラジオ体操はついに生活の実感とつながるものとはなり得なかった。満洲国で年に一回行われた建国体操大会も空疎なカーニバルにしかすぎなかっただろう。また、満洲国のラジオ体操は中国の民衆に受け入れられないまま、当初ラジオ体操に共感を寄せていた日本人にも次第に「倦怠感」をもたらす結末となった。

◇朝六時ニュースの後で、一操、二操、七時のニュースの後で一操、二操を繰り返し四回、合計六回の体操だ。これだけやったら、もう疲れたから出勤は止めた……になりそうな気がする。

◇ノンビリ、だらだらとやる事はおよそ効果がない。力一杯体操するには回数が多い。朝の体操、音楽はその日一日を清新な気持ちで……と云う目的だけに、七時のニュース後の四回は少しクドイ、後半二回の時間だけ、子供たちに幼児向けの童謡でもレコード演奏してほしい。[18]

一九四二年のラジオ放送に対する聴衆からの感想である。同時期の日本もやはり同じくラジオ体操をスポーツではなく国民意識を強化・鍛錬する手段とすることが強要されていたが、満洲国ではそれほどの情熱は見えない。

ラジオ体操は日本で発足した後、関東州に伝わり、さらに満洲国に導入された。しかし、満洲国の日本人にも結局うとまれ、中国人の暮らしに機能するものとはなり得ず、ラジオ体操の記憶はいまや忘却の彼方に追いやられたかのようである。年に数回しかラジオ体操に接触することのなかった中国人側のこの結果は理解できる。ラジオの普及が進まず、聴取者が少なかったラジオ体操は機能せず、彼らにとっては退屈なおしきせの行事のひとつにすぎなかった。

日本では民衆に深く浸透し定着したラジオ体操は、敗戦後、GHQによって中止させられた。では、「満洲」にいる日本人に「倦怠感」を覚えさせたのは何であろうか。ここで視点を変えて、ラジオ体操というメディアの持つコミュニケーションの儀式[19]としての機能を検証してみたい。

ラジオ体操の儀式的機能についてはすでに述べたように、権威に対する服従と、服従によって得られる安定感、帰属感がその中核にある。これはラジオ体操が当時の日本および関東州、満洲国に受け入れられた前提と考えられる。日々変わらず耳に届くその音楽、そして、音楽に合わせる人の動き、これがラジオというメディアに加担した体操の実体であった。そして、ラジオ体操は放送側の聴取者に対する教化・説諭の道具にもなった。しかし、この教化・説諭は潜在的なものであり、それは健康を善とするモラルと、民族の壁を越える権威に対する服従であった。日々のラジオ体操の放送によって、この二つが聴取側、つまりラジオ体操をする側に繰り返して認識させられた。しかし、このような機能が発揮されたラジオ体操は満洲国で果たしてどのような結果を迎えたのか。「建国神廟、宮城、帝宮を遥拝、号令に合わせて、『オイチニ』の掛声も勇ましく建国体操[20]」をすることは、「外地」にいる日本人のラジオ体操に求めている儀式的機能と違っていたはずである。権威に対して服従を示す集団行動に参加し、その上に同じ動きを行っているのは自身だけではないことを認識し、そこから集団の存在を確認して安定感を得るというのは、ラジオ体操が儀式として成立するメカニズムである。しかし、「五族協和」が唱えられていても、満洲国は実際に侵略・被侵略、支配・被支配という従属関係をもとに構成されていた。これについては当時の人々はむしろ暗黙の了解をしていた。建国神廟、帝宮などは形式上に満洲国の最高権威の所在として認識されるが、その背後にあるのは日本・関東軍の実質的な支配であった。当時満洲国の日本人は「帝宮」が代表するそのものを王権として認識していないはずである。統治的地位に置かれた彼らは、たとえ満洲国を彼らの新天地として見ていたとしても、その服従する権威は少なくとも「宮城、帝宮」ではなかったと考えられる。つまり、日々このような遥拝を伴ったラジオ体操はメディアとしての機能を発揮していけばいくほど、「権威」の形式に受信側の理解がかみ合わなくなっていった。その結果、儀式的メカニズムは破壊され、その意義を失ない、ただいたずらに体力を消耗するだけの行為となってしまったのである。つまり、彼らにとって、権威に対する服従が強制行動になってしまったことで、健康を善とするモラルの奉仕する対象が曖昧になり、安定感と帰属感も失われたラジオ体操は、ただの無意味な形式化した行為になってしまった。

満洲国では、建国体操の出現が、ラジオ体操の持つ儀式的機能に破綻をもたらした。すなわち当初の日本→日本人という構図から、満洲国→日本人・中国人になってしまったがために、前述のメカニズムは破綻し、儀式的機能が不全に陥る結末となったのだ。

4　満洲国におけるラジオ体操について

関東州から満洲国に至るラジオ体操の歴史を見ればわかるように、ラジオ体操はスポーツというより儀式に近いものであった。しかも、この儀式はする側とさせる側に分かれて、それぞれの機能が期待されていたのであった。

スポーツとしてのラジオ体操に国民を動員することで、全体主義を必然のものとし、満洲国の民族間の矛盾を隠蔽し、さらにそれを利用して、戦時下の「国民」として服従、奉仕の精神を期待する意図が、放送側にあった。その裏づけとしては、建国体操を中心とした満洲国でのラジオ体操の拡大、そして一九三七年の盧溝橋事件を背景としたラジオ体操大会の全面的実施を挙げておく。実は、建国体操が発表された翌年の一九三六年九月一八日には、文部省、陸軍省などの推進で、「満洲事変記念日をきっかけに、全国において建国体操を実施する」という動きが、ラジオ体操大会の全面的実施に先だってすでにあった。(21)こういった政治事件と結びつけられるラジオ体操の普及推進から、ラジオ体操の統治側が求めたファシズム儀式的機能が明らかに見られる。一方、民衆側がラジオ体操に自発的に参集した目的は、自身の体質向上というより、集団に従属することを参加することで確かめ、安定感を求めたことである。すでに指摘したように、満洲地域のラジオ体操の主体は、そのほとんどが日本人であったと考えられる。最初のラジオ体操の普及拡大は、この意識に基づいて大連にいた日本人によってその端緒が開かれた。そして、放送側の普及政策によって満洲国への拡大が実現できたと言えよう。

しかし、権威に対する認識という点に関しては、放送側と受信側の間に齟齬があったことは述べてきたとおりである。受信側がラジオ体操から従属的地位を確認することで安全感を得ていた儀式的機能は終始変わっていなかったのに対して、発信されたラジオ体操は、日本より渡来したラジオ体操から、拡大期の建国体操に変質し、戦争末期には宮廷遥拝などが強要される総動員式の体操へと変容していた。従って、メディアとしてのラジオ体操は異なる記号を発信していたのである。端的にいえば、建国体操の登場によって、権威の記号であった「日本」が、満洲国に変えられ、ラジオ体操の放送が日々繰り返され、コミュニケーションの儀式的機能が作用し、この記号の転換が受信側に伝えられた。しかし、ラジオ体操の主体であった日本人の間では、帰属先が満洲国に変わった時点で、従来の彼らが求めていた儀式的機能のメカニズムは破壊され、成立しなくなったのである。言い換えれば、満洲国のラジオ体操は、日本人と中国人に同時的、同一的な身体運動を求めることによって、「日満一心一体」の儀式を演出し、もって全国民の統率を強化しようとしたが、発信側の企図が受信側の認識と一致しないため、儀式の殻を保ったまま機能が次第に消滅していき、ただの体力運動になっていったのである。

現在、日本と中国双方でラジオ体操は存在している。冒頭に紹介したように、参加者数の減少という傾向を見せながらも、消滅する気配はない。全体主義を鼓舞するスポーツとしてとらえるならば、この現象を説明できなくなる。現在のラジオ体操にはそういう要素が希薄になっている。放送側によるラジオ体操を国民動員のメディアとする機能が今の時代では極めて弱められている。ラジオ体操は依然として放送されているが、強制聴取を求められることも、広範囲、大人数のラジオ体操大会も減っている。現存するラジオ体操は、一部の職場や学校などの特定の場所に限られている。しかし、ラジオ体操が集団の一体感やそこに属する個人の安定感を作り出す機能を果たしているかもしれない。その集団におけるソーシャル・アイデンティティーを確認するひとつのツールになっている可能性は否定できない。

ラジオ体操が存在している限り、文化としてのラジオ体操の存在を追究する価値はあると考えている。本章ではほとんど忘れられた満洲地域におけるラジオ体操を検証することで、歴史の補完という課題にいささか検討の材料を提供したつもりである。

第七章　多元的な満洲国ラジオ放送

ここでは、満洲国のラジオ放送の多元的放送内容に着目し、国際放送、子供向けの放送、実況放送という分野を紹介し、放送側に期待された放送機能を検討する。ニュース放送と国際放送は、当時のラジオ放送のなかでもっとも放送側の主体性を表現したものであった。当時の聴取者は日々ニュースを聞き、得られた情報に大きく影響されたことが考えられる。そして、国際放送は聴取効果より、放送行為それ自体が重要であった。ゆえに、この二つの放送内容は、第四章の劇放送と逆で、聴取者という存在を無視して完全に放送側による一方的な発信であった。国際放送を利用した、満洲国の「国家」イメージの形成と発信の過程、そして、太平洋戦争による電波戦争への「参戦」、さらにラジオとプロパガンダの関係を検討する。

1　国際放送にみる満洲国の放送戦略

(1)　越境するラジオ放送

国民を統合するためのメディアとして、各民族まで浸透させるために、二重放送を作り出した満洲国のラジオ放送に、もう一つの使命があった。電々第三回直属局長会議で、技術研究所所長の塩田信次が「国家の対外宣伝の唯一無二の武器」[1]と強調したように、ラジオ放送は満洲国の声を世界へ発信する唯一の手段でもあった。放送内容、放送時間が決められている満洲国内を対象とした放送と違い、国際放送では放送時間および指向地域が厳密に特定されていないのが特徴である。ただし、国際放送では対象国と契約して交換放送を行うことと、特定する指向地域への国策宣伝や戦時宣伝などを目的としたいわゆる電波戦に分けられる。本節が対象にするのは、こういった第一放送と第二放送とは別のシステムで、満洲国内に向けて放送したものではなく、海外向けに放送したいわゆる国際放送である。

本節では、具体的に満洲国は如何にして国際放送を利用し、「国」の文化宣伝を国際舞台に登場させる手段としたか、そして、満洲国は日本の植民地として戦時協力を求められ、太平洋戦争に巻き込まれた際には、どのようにして放送を利用したのか、という側面から見てみる。

(2) 文化宣揚のための国際放送

満洲国での国際放送は一九三四年三月一日、溥儀が「皇帝」に即位した当日に、アメリカに向け放送された「皇帝御即位大典実感放送」をもって、その嚆矢とした。「当日の盛儀をアメリカ国民に知らしめ、満洲帝国の厳たる存在を直接的放送で認識徹底せしむる為に米国記者の実感放送を、新京無線を利用してアメリカに送り、ＮＢＣをして中継せしめた」この放送が「満洲国国威宣揚の有力な手段[2]」であると言われ、これをもって満洲国は国際放送によるラジオ外交を開始したのである。

ラジオ外交を目的とする国際放送であるからには、一番成果が得られ、無視することができない相手は言うまでもなく日本であった。日本向けの満洲国の国際放送方針について、弘報処参事官であった岸本俊治が以下のように述べていた[3]。

共栄圏の各国より日本向放送及び各国相互間の放送は、共栄圏内の各国民と日本国民及各国民相互間の親善関係を増進すると共に、日本国民に対し動きつつある各国の現状の認識に資する事項とし、例えば満洲国よりは次の如きのを送り出して、日本全国中継を要望するものである。

一、建国節、訪日宣詔記念日、建国神廟創建記念日等に於ける行事放送中の特定のもの
二、重工業、軽金属化学工業、並びに農産物等共栄圏ブロック経済に寄与しつつある事項の紹介に関する放送
三、開拓政策に関する各種の紹介放送
四、其の他満洲国の認識に資すべき事項

大東亜共栄圏を唱えた日本の、ラジオ放送を通して共栄圏各国間、および日本とを一体化させていくもくろみが読み取れる。日本との親善関係増進を前提とした共栄圏経済建設であり、それは満洲国の認識に有用なものであった。

その試みは早くも一九三二年に始まっていたが、設備や技術の関係で質より形式的なものに止まった。正式に満洲国から日本へ向けて放送されたのは新京の大電力放送設備が完成した直後の一九三五年のことであった。五月から一二月にわたって放送されたこの対日放送は、かなり完成度の高いものであった。以下、『満洲日日新聞』の記事から内容を要約し、いくつかを例として挙げる。

五月二八日「満洲の夕」
今日の放送は全満四放送局が共同で全日満に呼びかける最初の試みです。時間は僅か四十分ですが、各局から精選をかさね、しかも、その土地それぞれの個性を発揮した演し物を選んで、リレー式に放送しこれを総合して満洲の芸術的な雰囲気を出そうというものです。
六月二日「蒙古民謡と器楽」
広漠たる天地に遊牧を生業とする蒙古民族の純朴にして詩情豊かな民族音楽
六月一六日「満洲の音楽」
満洲古典劇における伴奏音楽の二黄牌曲と西皮牌曲
七月七日「満洲国境点描」
安東駅構内及び鴨緑江橋畔からの鮮満国境風景
七月一四日「満洲の通貨問題」
満鉄経済調査会の南郷龍音氏の満州通貨問題についての講演
七月二一日「ロシア歌謡曲」
ウクライナ民謡とロシア歌謡曲
八月一一日「満洲の開国伝説」
地理、民族、支那古代に於ける諸王朝の開国伝説、満洲国の山河に因んだ趣味講演
八月一八日「公学堂教育に就て」
関東州公学堂教育に関する講演、中国人生徒による童謡「赤い夕日」、童話劇「大国主命と

因幡の白兎」

九月一五日「満洲国承認三周年記念日満交換放送」

今日は日満議定書調印三周年記念日です。日本放送協会並に満洲電信電話株式会社では、日満国交上の最も意義深きこの日を慶祝し両国の総理大臣の挨拶を交換し、全日満に中継することになりました。

一二月八日「康徳二年を語る・日満両国躍進の跡」

満洲国皇帝陛下には御親から日本皇室を御訪問あらせられ東洋の宮廷外交史上に画期的な輝かしき頁を加へさせられ日満両帝国不可分の関係をめぐる東京、大阪朝日新聞満洲総支局長吉田淳氏による全日満放送講演。


半年以上続いたこの対日放送計画は、満洲国放送史上、最大規模の国際放送であったと言える。満洲国の多民族性を強調した各民族の音楽、歴史、経済および教育状況を紹介する放送内容から、この対日放送は満洲国を日本国民に認識させるという目的で編成されたことが分かる。その上、最後の一二月八日の番組で、全日満に向け放送する講演内容に、一九三五年四月の溥儀の第一回日本訪問がとり上げられていることから、五月から始まった対日放送の使命が読み取れる。常に主題となる「日満協和」は、この対日放送が満洲国から日本に向けられた最初の発信となった。溥儀の日本訪問という特別な時期をもって、放送による宣伝効果を最大に活かすことを期したのであろう。

この動きに従って、「満洲国承認記念」、「日本訪問による日満両帝国不可分の関係」が大いに放送された。日本での聴取者がそれらの放送を聴くことにより、満洲国の存在を知り、日本との一体感が生まれるように求められていたのである。これは国際放送の一つの目的であり、「満洲国の厳然たる存在を電波によって世界に宣揚」[4]することにより、満洲国の「国」である価値、存在意義を成立させることにほかならなかった。そして、満洲国放送の全体を見わたせば、このような宣伝には特別な背景が存在していたことが分かる。こうして、一九三五年のこの対日放送を発端とし、「満洲建国記念日」または大きな国家行事の前後には、日満交換放送は不可欠な放送イベントとなった。

（3）国際舞台に登場する満洲国のラジオ放送

日本一国だけでは満洲国を国際舞台に進出させる力が十分でなかったことは容易に想像がつく。日本に続いて満洲国を後押しする相手に選ばれたのは同じく枢軸系であったドイツとイタリアであった。「満洲国海外放送史上に輝かしい一頁を飾る満獨交驩放送は国都新京の満獨親善慶祝大会の二十日午前六時三十分新京放送局よりドイツに向け又午後十時ドイツより新京放送を通じ全満に向って行われる。極東の新興帝国満洲国と欧州における唯一の盟邦ドイツを結ぶ画期的電波の握手、而も東半球と西半球の空に繰り展げられる初の交驩放送」[5]が行われた。満洲国は堂々たる「新興帝国」となり、一九三七年からはドイツとも電波における国交を始め、さらにその次の年の一九三八年には、「ファシスト党親善使節団一行の訪日満の機を捉へ、満洲国から友邦伊太利への記念すべき最初の放送が実施された」[6]。これにより満洲国のラジオ外交は「東半球と西半球」にわたって行われるものとなり、電波による世界舞台への登場を完遂した。もちろん、さらなる時間の推移とともに日本、ドイツ、イタリアだけではなく、タイ、アメリカなどまで広げられた。
一九四一年末の太平洋戦争の勃発により、日本と共に、満洲国にとってもドイツとイタリアとの交換放送をさらに強化する必要があるという認識の下、一九四二年にイタリアと、一九四三年にはドイツと放送協定調印をし、交換放送を定例放送とした。当時の放送内容の一例として、一九四三年に行われたイタリア及びドイツとの国際放送の内容を『満洲電信電話株式会社十年史』から抜粋してみる。

満伊放送協定締結一周年記念交驩放送（昭和十八年）
一月十五日　（送、受）
伊太利側　（イ）挨拶　伊太利放送協会　理事長ラウル・キオデリ
（ロ）独唱　歌劇抜粋　ベニヤミーノ・ジーリ
満洲側　（イ）挨拶　新京中央放送局　副局長　金澤覺太郎
（ロ）満洲楽「青雲直上」外　新京音楽団
二月二十七日　（受）講演と軍歌「現代戦争に於ける伊太利将士の勲功」
三月　三十日　（送）講演と音楽「戦時満洲国點描」、「大満洲進行曲」外
満独放送協定締結記念交驩放送（昭和十八年）
二月十日　（送、受）

満洲側　（イ）挨拶　ワグネル公使、廣瀬総裁
（ロ）講演「満洲国産業の発展」　独逸通信社マンレッド・ベーゲンカムプ
（ハ）録音「豊満ダム建設実況」
（ニ）管弦楽「暁雲」　新京音楽団
独逸側　（イ）挨拶　呂宜文公使、グラスマイヤー総裁
（ロ）管弦楽「コリオーラン」序曲外　伯林放送管弦楽団
三月　十日　（受）講演「独逸と欧州自由戦争」
四月十四日　（送）講演と実況録音

一九三五年の日本向け国際放送と比べると、音楽や劇など満洲国文化を重視するほかに、政治的意図がより露骨に見えてくる。当時のオペラ名手や中国楽曲など、参与国の代表的な文化を紹介するのが交換放送の目的であると同時に、「現代戦争に於ける伊太利将士の勲功」、「戦時満洲国點描」や「独逸と欧州自由戦争」のような講演を通じて、政治的立場の共通点を強調したところも無視できない。満洲国側を代表して挨拶をしたのはそれぞれ電々の二代目総裁廣瀬寿助と新京中央放送局の副局長金澤覺太郎で、こうした場合、当然のように日本人が声を発していて、満洲国国際放送の日本従属の立場が見えてくる。

戦時体制に入ると、満洲国の国際放送に、もう一つの使命が加えられた。それは枢軸系国に協力し、短波を利用して世界中に対して戦争の武器として援護活動を行うというものであった。

（4）戦争に巻き込まれる国際放送

本章（3）で紹介したアメリカ向け放送に続いて、短波をもって満洲国を世界中に宣伝することを目的とした放送の発端は一九三七年日中戦争の勃発直後にまで遡る。本節では、当時のこの国際放送を担当した電々本社放送課第一放送係長の武本正義が『宣撫月報』に発表した文章[7]と『満洲日日新聞』の記事に基づき、電波戦争に参加した満洲国の国際放送の発展と変容を探りたい。

満洲国が成立した直後、海外に対して日本と満洲国がみずからの正統性や立場を表明するために、大連放送局から呼出符号JDYをもって放送を開始した。この放送は毎日午後九時より一時間にわたって日満英三ケ国語で以下のように行われた。

九：〇〇～九：三一　開始アナウンス、日本語ニュース、音楽
九：三一～九：四五　満語ニュース
九：四五～一〇：〇〇　英語ニュース、終了アナウンス

国策を宣揚することを目的であったこの放送は、中国の中部と南部地域、シンガポール、オーストラリア、ニュージーランドまでカバーしていた。そして、聴取者からは毎日欠かすことなく一通から十通の手紙を受け取っていたという。

しかし、太平洋戦争の深刻化とともに、国際情勢が複雑になりつつあり、国際放送に対する強化も求められた。一九四二年に新京寛城子に二〇キロワット強力短波受信機が新設され、ＭＴＣＹと

いう呼出符号をもって大連JDYのかわりに広大な範囲における国際放送を始めた。放送の指向地帯も更に拡大させ、ヨーロッパ、北アメリカ、極東、南洋までとなった。その放送内容選定の要旨は以下のようであった。

イ、満洲国の厳然たる存在と健全なる躍進を宣揚し、建国精神に基づく門戸開放、民族協和、王道楽土の実相を紹介せんとす。
ロ、現下の国際情勢に対処し、満洲国の国際正義に立脚せる確固不動の態度を宣揚し、協調せんとす。
ハ、防共協定参加国たる満洲国の立場を闡明し以て防共の世界的意義を強化せんとす。
ニ、特定地帯に対しては積極的宣伝内容を多分に盛り必要に応じ逆宣伝に対する反射的放送を考慮す。(8)

新京放送局から放送されたこの国際放送は、放送内容の選定から編集および作成まで、満洲国放送事業全般に関わっていった。ニュース、講演、演芸、音楽などは主な放送内容であったが、具体的な放送資料の収集と編集について、以下のように規定された。

イ、日・満・英・蒙語資料の収集及編集は新京中央放送局に於いて、露語資料は哈爾濱中央放送局に於いて行ふ

ロ、ニュースは対外向に編輯し、国通ニュースより選定の上に弘報處、協和会等作稿の論説的トピック等を加ふ

ハ、講演は講演者自身に依るほか、アナウンサー代読、又は録音により、尚記事、満洲事情等を解説的或はメモ式に作稿えるものを加ふ。右の作稿は放送部放送課、放送局及び前記各機関に於いて行ふ

ニ、演芸、音楽は概ねレコード演奏及び国内放送を録音したものに依るも時に生演奏を加ふ

ホ、実況放送は録音とす

先に述べた日本などを対象とした当初の国際放送の内容と比べると、時事ニュース放送や講演を重視することから、太平洋戦争により国際放送に変化が生じていることが見えてくる。つまり、太平洋戦争前には、建国したばかりの満洲国を世界に認識させ、その政治的、経済的、民族的事情の紹介により、独立国・満洲国の「国」の姿を世界中に知らせることを主要な方針としていた。だが、戦時状態の深刻化とともに、日本に協力しなければならないという満洲国の従属性が顕現化し、「国際正義」の立場宣揚、「逆宣伝に対する反射的放送」も求められることとなった。同時に、「海外放送の標語」も日本によって制定され、満洲でもそれを発信し、実行することとなった。

以下に挙げる宣伝スローガンはすべて英語に訳されたほか、必要に応じて英語以外の言語にも訳され、宣伝、思想の「弾丸」となり敵側に「発射」されたのであった。

印度向け
◇起て、印度、今だ、奮起だ、独立だ　◇印度よ、団結してイギリスの弾圧に抗せよ
◇印度よ、米英の誘惑に打ち勝て　◇印度よ、自由は隣まで来ているぞ
◇印度の喜びは亜細亜の喜び　◇佛陀の聖地は英国のものにあらず
◇戦後の自由は空手形
重慶向け
◇重慶を残して亜細亜は前進する　◇重慶よ、援蒋物質はもう来ない
◇重慶よ、山奥から出て見よ、世界地図は変った　◇国父の遺志大亜細亜主義に還れ
◇英米と共に滅亡する運命を選ぶな
豪洲向け
◇米英を恃んで亡びざる国なし　◇豪洲の抗戦は豪洲の滅亡
◇豪洲は英国の犠牲になるな
米国向け
◇アメリカもイギリスの楯となるのか　◇正しいニュースの聞けない米国民
◇敗戦の責任を追及せよ、それはアメリカ人の権利なれば◇潜望鏡に囲まれたアメリカ
◇米国のための戦争かルーズヴエルトのための戦争か
◇自由の国民よ、ルーズヴエルトに自由を奪われるな
◇アメリカよ、何を好んでイギリスの犬になる

◇アメリカの禍は亜細亜に干渉するからだ
◇亜細亜に米英の兵がない、あるのはお前達の捕虜ばかり
共通
◇正しい目で見よ、正しい日本　◇約束を破って愧らない米英
◇戦勝で膨む日本、戦敗で痩せる米英[9]

親善和睦を目的とした初期の国際放送の内容に比べると、ラジオ戦争に従事することを余儀なくされたこの時期の国際放送は、完全に客観性を見失なっていた。満洲国は日本に附随して枢軸系国家との交換放送により国際舞台に進出したが、また同じ意味をもって世界中に敵を作った。しかも、こうなってしまった満洲国の国際放送は、自身の性格をほぼ失ってしまっている。国際放送における放送内容は実際に極めて単純なものであり、「満洲国宣揚」、そして「戦争の弾丸」という二つのキーワードでほぼ纏められる。こういった弾丸放送を、誰がどこで聞いていたのか、筆者の調査ではまだ不十分なところが多く、検証資料は乏しい。それに対し、一九四〇年までのラジオ外交時代の国際放送に関しては、「その反応は意外に大きく、地球の隅々から投書や聴取報告書が毎日のように舞ひ込んで係員を感激させている[10]」という報道もあった。

(5)　国際放送による「国家創出」

満洲国を国家として存立させるために、さまざまな宣伝が行われた。それに必要なのは、如何に

「国家」というイメージを創り出すかということであった。日本による帝国主義拡張の一環であった満洲国では、「国家」を創出するためのマスメディアを利用したナショナリズム・ビルディングが、盛んに行われたのであった。新聞、書籍などの出版物もそうだが、ラジオ放送が当時の新興メディアとして、大いに重視されたことは、電々の放送からも明らかである。その中で、世界中に向けた国際放送の役割が、宣伝であったことは言うまでもない。

満洲国に生きていた人々に、「満洲国民」というイメージを伝えることは国内放送の大きな方針であった。一方、国際放送の主な目的は、文化宣揚を手段に、満洲国が存在していることを世界中に知らせることにあった。日本、イタリア、ドイツとの国際放送の内容を見ると、いずれも満洲国の文化を紹介している点が注目される。満洲の音楽、人文地理、民族風景などを放送し、その上に満洲国という名前を付け加えることで、このような「国家」が存在していることを世界中にアピールしていたというわけである。本来は、地域性を活かした内容にすぎなかったが、こうすることにより宣伝効果が増幅された。実際に満洲国をまったく知らない人々がこうした放送を聴いて思うのは、「これはどこのことだろうか」ではなく、「これは『満洲国』のことか」となる。放送を聴くことによりイメージを想像できるということは、ラジオがメディアとして果たした機能であり、国際放送が目指した目的でもあった。つまり、文化を紹介することを通して、満洲国のイメージを想像させ、これが実際に存在している国家というメッセージを伝えることが可能となったのは、まさしく国際放送の力によるものであった。

満洲国の国際放送の価値は何であったのか、一言で要約すれば、一時的にでも世界に向け、満洲という「国」としての自己主張をしたということであろう。後に戦争に巻き込まれて独自の文化的性格を失ったのとは対照的に、初期放送はより豊富であり、効果的であった。

電々の重役構成を見れば、満洲国のラジオ放送事業の実際上の運営権力が日本人に握られていたことが分かる。国際放送が如何に内容的に文化性を強調したとしても、その目的が日本の植民地統治や日本の戦時宣伝にあったことは無視できない。こういう意味では、満洲国から発せられた、日本、ドイツとイタリアなども含めた枢軸系国家を相手にした放送は、国際放送というより、一種の演技活動とも言えた。

出版産業は国民意識の基盤を創り出し、新しい形の想像の共同体を可能にしたとアンダーソンの理論は言うが、満洲国の国際放送は、当時の新興メディアであったラジオを利用し、「国」というイメージを想像する基盤を新たに創り出そうとしたのである。国際放送の方針を見ても、満洲国の従属的性格を回避し、一国家としての存在を強調していたとも読み取れる。その最も有効的な方法は、満洲国の文化を紹介することであった。放送を聴くまで満洲国についての認識が全くなかった聴取者は、放送内容に従って満洲国を国家として想像することになるのは容易に推測できる。「弾丸効果」を大いに求められる前の満洲国の国際放送は、ある程度世界舞台において影響力を持つようになった。しかし、戦時体制に入ってから、日本に従属する立場がより露わとなり、最初の放送方針から大きく外れて、その影響力も次第に失われた。

2　児童向けの放送

(1)　満洲国の児童とラジオ

満洲国時期の児童向けラジオ放送は、「幼児の時間」、「児童の時間」、「児童ニュース」など子どもの年齢に応じた番組があり、在校生を聴取対象とする学校放送など特別な形式のものもあった。児童向け放送は一般的に報道、教養、娯楽という三大放送分類のうちの教養放送に属し、当時の新興メディアであったラジオを利用した、児童向けの教育および宣伝の補助的手段と位置付けられていた。

ここでは満洲国の児童向けラジオ放送を概観した上で、政治宣伝に利用される、ラジオという音声メディアが表象する児童の政治的イメージを分析し、ラジオ放送における児童と政治の関係を検討する。

満洲国の児童向け放送番組は、各地方放送局が順番で番組の制作と放送を担当していた。番組放送の時間は決まっているが、制作進行の状況により各放送局の放送頻度と内容構成は一律ではない状況も発生していた。

一九三九年の例を見てみよう。内容別にみれば「童話劇二三回、童話二八回、児童劇四回、唱歌童謡十九回、洋楽十二回、見学六回、邦楽四回、其他八回であり、放送局別にこれを見れば新京二七回、大連二九回、奉天二六回、哈爾濱十八回、安東一回、牡丹江二回、齋々哈爾一回であり、月別にこれを分ければ一月九回、二月八回、三月九回、四月一〇回、五月一〇回、六月七回、九月九回、八月七回、九月一〇回、一〇月九回、十一月九回、十二月七回[11]」となる。一ヶ月平均で約一〇回という放送回数は、週にすれば二、三回であり、現地編輯の番組としてかなり力を入れているように見える。具体的に、この年の一月の放送内容は以下のようである。

八日　奉天より放送された演出倉橋一郎氏、音楽指揮原田三哉氏、平安小学校児童による児童劇「人生の母」
十一日　新京より竹田幸雄氏によるお話「石炭の身の上話」
十二日　大連より童謡とマンドリン独奏
二十日　哈爾濱より伊藤正弘氏作、ＦＹコドモ会員による国史劇「大古事記伝」
二十二日　新京より新京ラジオオーケストラの童謡曲「オモチャ節」
二十六日　大連より大連童謡みどり会員作並に演出のラジオプレイ「オモチャの森[12]」

これらから、満洲国における児童向けラジオ放送の特徴がいくつか窺える。まず、各地方の放送局が輪番制で番組の制作と放送を担当することになっていたとはいえ、実際の放送状況をみれば、そのほとんどが新京、奉天、ハルビンそして大連という四つの放送局に集中していた。これも都市を中心とし、辺鄙な地域に向かって放射状にラジオ放送局を設置するという、満洲電信電話株式会社の拡張政策による結果である。設備の面でも、番組制作の条件を満たすことができるのが、この四つの放送局のほかにはなかったことも考えられる。次に、番組形式は多様化してはいるが、音楽と物語を中心とし、児童にとって魅力的な番組であることを目指しつつ、教育的な要素も重視された。在校生による音楽劇、科学普及講座、童謡または楽器の演奏、児童オーケストラ、そして児童ラジオドラマなどの番組が順番に放送されていたことからみても、放送側の努力は欠かせなかったのであろう。基本的に月に八回から一〇回の頻度で放送されていた児童向け番組は、満洲国が独自で制作した番組の中では、決して少ないほうではない。

この中には学校を通して行われた児童・青少年による特別放送イベントもある。前述の学校放送と関連するが、性質は異なるものであった。これらのイベントは「学校放送関係特別放送」として一九四〇年から計画され、満洲国で第一・第二放送ともに実施された。その内容は次のようにまとめることができる。

一九四〇年から
ラジオ少国民大会（第一放送・第二放送）
全満児童唱歌大会並に女子中等唱歌大会（第一放送・第二放送）
ラジオ全満青年体験発表会（第一放送）
建国記念青年弁論大会（第二放送）
一九四一年から
全満国民学校、国民優級学校日語朗読大会（第二放送）

全満男子中等学校吹奏楽大会（第一放送）
全満男子中等学校生徒詩吟大会（不明）

満洲国全域にわたり実施されたこれらの活動は、学校放送および子供放送と結びついた一種の特別な形態とも言える。このような大会は、定時放送ではなく、行事の形でその実況が放送された。第二放送では、建国記念弁論大会や日本語朗読大会のようなものが定例行事とされた。

電波放送と同時に大会という形式で実際に行われていたこれらのイベントは、一般的な児童向けラジオ番組にはない特徴がいくつかあった。まず、行われた大会はほとんど満洲国全体に及ぶイベントであり、場合によって違う民族の児童が同時に参加することも可能であった。そして、形式的には童謡、講演、弁論、朗読、詩吟などがあり、同種類の常時番組より多様化していた。また、学校放送のシステムを通して大会の実況を放送していたこれらの特別企画は、内容面での充実が難題であった学校放送にとって、特に生徒向けの番組が欠けていた第二放送の学校放送にとっては、きわめて盛大な放送イベントであった。

学校放送と連動しているこれらの特別番組の登場は、満洲国のラジオ放送をより充実させるための試みの一つであった。前節で言及したように、設備や制作環境の関係で、満洲国のラジオ番組の制作、特に第二放送の番組制作は、最初から窮屈な状況に置かれていた。この状況を改善するために、電々は数多くの方法を試みた。設備の面において、経済力が低い中国人聴取者を増やすために、一九三六年から自社開発のラジオ受信機を投入し、低コスト・低価格な受信機を普及させ、ラジオ放送の普及とともに、聴取者の多元化を実現した。また、新京、奉天、ハルビン、大連を中心に一九三九年から中国人アナウンサーの養成計画を始めた。目的は言うまでもなく中国語ができるラジオ放送関係者の人員拡大を通して、中国語ラジオ放送の可能性をより広げることであった。この計画を遂行するために、専門養成所も作られ、一般科目と専門科目を教える教員も置かれた。

このような試みに基づき、一九四一年、電々によりラジオ放送の番組刷新が行われた。「国民教化指導と文化昂揚に一段の拍車をかけること」を目指し、「放送時間割当及び放送種目を満洲の実生活に即応せしめ報道放送を充実し、実行的指導力ある種目とするほか慰安放送は量、質共に従来よりはうんと水準を引き上げ芸術的純化と娯楽性の増大を促進し番組を通じて音楽的要素を活用、その表現を洗練するほか講演は回数を減らして精選主義を採る」[13]という放送方針であった。これに合わせて学校放送特別イベントは、大会という形をとった、音楽などさまざまな放送種類を利用して娯楽性と芸術性・教養性の高揚を目指し、学校放送および児童向けの放送番組を充実させる目的だったと考えられる。

(2) 満洲国の児童と政治

一九三二年に満洲国から出発した訪日少女使節団は、児童が満洲国の政治活動に参加した最初の試みとみてよいであろう。児童使節たちは六月一九日に新京から出発し、日本現地の小学生たちと一連の交流活動を行い、六月三〇日に訪問の旅を終えた[14]。

児童による訪日使節団は、対外的に満洲国を宣伝する目的があり、これは国際交流という面において一九二七年日米の間で行われた人形使節と同じような機能を有したものであるという論がある。(15)日露戦争によって中国東北への進出を確実にした日本は、同じ目的を持ったアメリカと互いに意識しはじめていたところ、一九二四年に排日移民法の登場によって、在米日本人は排除の危機に直面し、両者は決裂の局面を迎えることとなった。この緊迫した関係を改善するために、アメリカは一連の外交手段を取った。一九二七年に日本の各地の学校に送られてきた「青い目の人形」もその一環であった。大量に送られてきた人形は一般民衆の間で想定外の親善効果を収め、民間のアメリカに対する反発は弱まった。これに応じて、日本も袴姿の答礼人形を送った。

満洲国の少女使節団は、日米間の人形使節からアイディアを得たという説は首肯できる。更にこれによって、満洲国における児童の政治的記号化が指摘できる。児童というイメージは実は頻繁に満洲国のメディアに登場するようになっていた。その目的はもちろん政治的演出への協力であった。児童という政治的記号から発せられたのは、主に「日満親善」というメッセージであった。たとえば、一九三三年満洲国成立一周年のために、協和会から児童をモチーフとした宣伝ポスターが作成されたことがある。そのポスターに描かれているのは二人の子供であった。それぞれ日中の民族衣装を着た二人は手を組んで幸せそうな笑顔を見せている。彼らの隣には、「同徳同心、共存共栄」と大きな文字で書かれている。

児童を政治的記号とする演出は、ラジオが新興メディアとして満洲国で普及し始めると、新たな姿を持つようになった。一九四三年一二月二三日、皇太子殿下誕生日を記念するために、盛大なラジオ放送イベントが開催されることとなった。午前八時三〇分、まず東京放送局から、愛宕児童合唱団による「皇太子殿下御誕生奉祝歌」がオンエアされた。これに呼応して札幌、仙台、広島、熊本、大阪、名古屋のラジオ放送局が次々と登場し、放送番組を担当した。内容はもちろん奉祝の意を表すものであった。満洲国の新京中央放送局の担当時間は午前一一時五〇分からの三〇分間とされていた。この放送イベントは五時間以上の中継放送となり、各地方の放送局及び大量の参加者を動員した、その時代にあっては珍しいとしか言いようのないものであった。

広い地域にわたって行われたこのラジオ放送イベントに、注目すべきところがある。一つは、すべての放送担当に選ばれた放送局は、例外なく児童による放送番組を用意したこと。たとえば、前述の東京愛宕児童合唱団による奉祝歌のほか、仙台南材木町小学校児童合唱団の「朝日の歌」、名古屋児童音楽合唱団の「楽しい一日」、そして大阪御津幼稚園児童合唱団の「慶祝歌」もあったように、児童による演出は不可欠だったようだ。二つは、新京中央放送局も満洲国を代表してこのイベントに参加し、やはり児童による番組を送り出したこと。そして、宮内府大臣がわざわざ講演をし、最後に満洲国国歌まで放送された。

満洲国の参加によって、この二つの空間に政治性が与えられた。新京中央放送局の放送は、数多くの放送局の番組の一つとして各地方の放送局による政治的演出の一員として役割を果したと言えよう。そして、この盛大な政治的演出の主役は、ほかでもなく児童であった。

（3）ラジオにおける児童の政治的イメージ

訪日少女使節団から皇太子誕生記念イベントまで、政治的記号とされた児童は印刷メディアから音声メディアへの飛躍を果たし、満洲国を代表して政治的演出の一役を担った。このことを糸口に、政治的記号として満洲国メディアでの児童の利用が分析でき、さらにその背後に隠されていた政治的意義を明らかにすることは可能だろう。

一九三五年、満洲国建国三周年記念を祝うために、日本と満洲国の児童は再びラジオの電波を通じて交流活動を行うこととなった。「日満少年少女電波交歓　満洲国三周年記念日」というタイトルである。この交流活動はニュースとして以下のように報道された。

三月一日の満洲建国三周年記念日は日満両国民全部を挙げて盛大に挙行されることになったが、当日に更に錦上花を添える為可愛いなる日満両国少年少女が電波を通じて日満両国歌を交換放送することになって午後五時より十分間日本東京の少年少女代表から満洲国歌の斉唱並びに祝辞放送があり、次で六時十分から十分間国都新京の各学校少年少女が君が代を斉唱しこれに答えることになった。[16]

「国歌」の放送は、常にこの種の中継放送イベントで行われていた。その理由を筆者は次のように考えている。

ラジオが登場する前の伝統メディアによる宣伝活動は、視学的な情報伝達が必須条件であった。たとえば、第二節で紹介したポスターは、図画で表現したほうが日中の子供の友好的なイメージをより深く植えつけられた。また、日米間の人形使節による外交の成功には、アメリカ人形の青い目と日本人形の袴という、象徴的な表象を通した友好のメッセージが込められていたからである。これら外的な表象があったため、人形は地域と文化を代表し、人形を交付する時の演出的儀式も加わって、人形による外交がようやく完成したのである。これこそ、アメリカから来た人形がいまだに「青い目の人形」と呼ばれている所以であろう。

ラジオにとって、視覚的な情報伝達は不可能であった。その代わりに、ラジオは視覚的情報伝達と同じような役割を果たす方法を考えなければならなかった。人形贈与を例にすれば、色や服装など視覚的効果を表現することができない以上、音声による演出法を編み出すしかない。そこで、国家を代表する歌はその身に付けるラベルとして何よりふさわしいものであった。ところが、音声を聞くだけで「国」という存在を児童が想像しにくい場合もある。そこで、児童たちに国歌を歌わせ、音声の連鎖的な伝播効果を期待する方法が考え出されたのではないだろうか。だからこそ、このような日満中継放送イベントの中、地域を表象化することができ、政治的象徴性も高い国歌、あるいは民族歌謡の交換放送は不可欠であった。これらは、政治的演出にとっても必須な条件であったと考えられる。

同じくラジオを媒体にした交流活動ではあるが、一九四一年九月一五日に「満洲国承認」をテーマにした「少国民電波対談」はまた別種の演出であった。

来る九月十五日盟邦日本が世界各国に向けて我満洲国を承認した意義深き承認記念日に当たって枢軸国家から満洲国へ一斉に慶祝電波を集中、満洲国の成長を寿くこととなった。この大放送行事を展開する電電放送部では、目下まず東京と新京の間で日満少国民の電波対談という国際二元放送をはじめ、番組編成を急いでいる。(17)

長いとは言えない満洲国の歴史で国際的な承認を得ることは終始変わらないテーマの一つであった。そして児童が参加する交換放送イベントの一部も同じテーマであった。その背景としては、国際連盟が満洲国を国家として認めなかったからであろう。それに反発して、日本は国際連盟から脱退したが、一方で満洲国は国際舞台での「承認」を得る努力を諦めていなかった。その手段の一つが、当時の各枢軸国と手を組んで、「満洲国承認」の宣告を発表することであった。当時の新聞記事には満洲国承認に関する報道が頻繁に出て来る。ラジオも同じ状況であった。また、満洲国のラジオに求められたのは、一般の聴取者にこれらのニュースを伝えるだけではなく、国際的に突破口を見つけて宣揚活動をすることだった。よって満洲国の承認問題に関わる対外放送はかなり重視されていた。日本以外に、満洲国はドイツとイタリアとも条約を締結し、定期的に国際交換放送を行うことの義務化を要求した。そして、引用文にあったように、児童はこのような国際交換放送の中ではいつも「国家」の代弁者として声を発することが求められていた。

「少年少女電波交歓」と「少国民電波対談」という、児童による政治的演出を紹介したが、一見大差がない二つの企画には、実は異なる目的が込められていた。すなわち、「日満親善」の表現と「満洲国」という国家イメージの発信であった。前者は「青い目の人形」と「袴姿の人形」の延長線にあるものであり、いわばポスターに出ていた民族衣装を着ていた仲良し二人の進化した形態であった。後者は電波における満洲国の代弁者に近く、日本、ドイツ、イタリアなどの協力相手とともにある種の自己（＝満洲国）創造の演出を繰り返していた。このように、目的に応じて政治的演出が求められる児童のイメージも常に変わっていた。児童というイメージはラジオを舞台にし、それぞれの身分に強要されていた意思伝達を演じることを余儀なくされたのであった。

（4）「ヨイコ」からみる児童、ラジオ、政治の三者関係

「日満親善」も「満洲国承認」も、そこに出演する児童の政治的イメージには一つの共通点がある。それは彼らの対外性、外交性であった。彼らに舞台を提供したラジオも満洲国の聴取者より対外的な声を重視していた。しかし、冒頭で述べたように、満洲国の児童向けのラジオ放送には、もう一つの形態があった。それは対内的な放送番組であり、機能も全く別であった。

一九四三年四月一二日，東京中央放送局は「国民学校の時間」という、在校生に向けた番組を放送し始めた。それに応じて、新京中央放送局も「ヨイコの時間」という放送番組を制作し放送する決定をした。前者と違うのは、「ヨイコの時間」は「満洲の特殊事情を加味した放送を加えて全満の『ヨイコドモ』の耳を通じて決戦下明日への力を培養する」ということが主旨であった。[18]「ヨイコの時間」は午前九時、一一時と午後二時に分けて一日三回、放送する予定であった。内容としては音楽、国民学校時事ニュース及び政治講演が主であった。この番組は学校放送の一種として見ても構わないが、第一放送の日本語放送でしか放送がなく、一般の学校放送番組と比べるとより政治的使命を帯びていた。太平洋戦争の深刻化で、満洲国でも戦時協力が強要された。日本での戦時体

制の強化による学校放送の方針転換と関連し、満洲国の学校放送も激変し、「大東亜戦争の勃発は学校放送の運営方針を根本的に修正、在来の平和的平時的内容形式を放棄し時局下少国民錬成の一途に即した放送へと変換すべき」という方針が打ち出された(19)。「ヨイコの時間」など時事ニュースと政治講演を主にした番組構成から、戦時体制に密接した放送の方針も窺うことができる。従来の学校放送の番組より、「ヨイコの時間」は戦時下の児童に対する戦争動員を重視していた。前節で紹介した二つの政治的イメージと違い、ここに登場する「ヨイコ」というものは、「日満親善」を代表とした友好的演出から分裂してきたものであり、「服従」を強調する児童の政治的イメージであった。

「ヨイコ」という呼称がラジオ放送番組のタイトルとして使われたのは偶然ではなかった。当時の新聞雑誌などには日本と満洲国両方とも頻繁に出てくる呼び方であった。児童を指す時に「ヨイコ」という呼称を使うことは、同時期の日本で行われた教科書改革と関連していた。一九四一年、国民学校で使われている教科書に対する改革を文部省から求められ、それに伴い「国語」を「読法」に、そして「修身」を「ヨイコ」と改名した。そのほかに算数、歌唱なども教科書タイトルの変更を求められた。いわゆる修身は、日本敗戦まで国民学校に存在していた教科の一つであり、知識ではなく思想教育を目的とした科目であった。戦時期、修身での思想教育は、ほとんど天皇に対する忠誠、あるいは国家に対する奉仕と服従にまとめられていた。その方針として従来の「(一)児童の生活環境に即し、(二)童心に合致し、(三)各学科の間の連関を保ちつつ」以外、「立派な国民を作り上げる」ことを目標とし、「児童を児童として持ち上げるような従来の見方を捨てて、国家の子供として見る」[20]と考えるようになり、「ヨイコドモ」という名前が持ち出されたのである。そこから、「ヨイコ」は児童向けの国家主義の象徴として、頻繁に輿論に登場するようになり、それはそのまま満洲国に伝わって広がっていった。

国家の子供というイメージを満洲国で形成するには、「ヨイコ」は当時の戦時スローガン、戦時協力の政策などに同調するほかなかった。たとえば、「戦争のために増産」と呼び掛けられると、「ヨイコ」たちはすぐに動員され、害虫撲滅を実践し、大人以上の行動意欲を示さなくてはいけなかった。[21]同じく、「決戦交通の生活化へ」という戦時方針を貫くために、奉天の国民学校の生徒たち五〇〇〇人は町中に出かけて、「横断以外は車道へ出ないでおきましょう」と呼びかけたり、道の左側通行を注意したりもした。[22]このような宣伝活動を積み重ね、満洲国の児童たちは堂々と国家の子供に変身させられ、さらにすべての宣伝と動員スローガンに奉仕する「ヨイコ」になっていた。「ヨイコ」という児童に押し付けた呼称がラジオ番組に登場したことは、ラジオ放送が戦争への協力を強要された戦時体制に呼応していた。この戦時体制に協力するラジオの実践は、満洲国の児童に「ヨイコ」という新しい政治的イメージを付加することとなった。

「ヨイコ」による政治的演出は、満洲国の児童にはもっとも強大であったかもしれない。しかし、政治性がピークに達した「ヨイコ」という児童のイメージは、日本及び戦争に対する協力であったことが以下の引用から少し窺うことができる。

夢にしか見ない祖国日本へ少年少女を招待しようというヨイコドモ達に嬉しい便り――幼くして満

洲開発に、開拓に或いは北辺の守りに挺身する両親の背に、抱かれて渡満し、又は満洲で生まれた少年少女の一番憧れは大東亜戦争下赫々たる戦果を挙げ世界に冠たる祖国日本を訪問することであろう。そこで今回大日本同盟では協和会と提携の下に国民学校五、六年の児童及び中等学校一、二年生の生徒の中から身体強健、学徳良好なるもの百名を選び、祖国訪問隊を編成し、九月初旬より約四週間に亘り祖国を訪問させることになり、日程その他は同盟に於いて協議中である。今回のこの企ては単なる修学旅行の如くに終わらせず、戦う祖国を真に認識させ日本精神を体得して将来北辺鎮護に或いは開発など日満一体の見地より東亜建設に挺身する青年男女を培う意義がある。(23)

「ヨイコ」は国家主義を強調する道具だてながら、引用文を読めば分かるように、ここに記されているいわゆる国家主義は、実は満洲国とまったく関係していない。日本への帰属意識を煽るこの国家主義とは、日本の植民地である満洲国への優等意識の表象化であった。満洲国という存在がこの国家主義の中ではほとんど表出することはなく、平等ではなかった。一方で日本側の植民地意識が強まってくると、児童は「ヨイコ」となってラジオを始めとするメディアに登場し、満洲国で力強く宣伝されていった。ところがこの宣伝に使われる「ヨイコ」は、「日満親善」または満洲国を宣伝するのではなく、「ヨイコ」の深層に根を下ろしているのは日本精神の崇拝、戦争協力への服従であり、動員される「ヨイコ」は、権力に寄りそう児童の政治的イメージであった。

(5) 児童向けの放送と政治操作

満洲国のラジオ放送事業は最初から政治的に操作される運命にあった。満洲電信電話株式会社が設立される際、事業的に「関東州、南満洲鉄道附属地及満洲国の行政権の下に在る地域に於いて電信、電話、無線電信、無線電話、放送無線電話その他の電気通信事業を経営するを以って目的」[24]としていたが，資本金の大半は日本放送協会の出資で、管理層の半数以上が関東軍陸軍部からの派遣であった。この構成である以上、「日満合併会社」とはいえ、日本と関東軍の影響から離れることはほぼ不可能であった。満洲国のラジオ放送事業は最初から多元的、多文化的現状から多文化統合的な放送システムを目指して聴取者の獲得に力を入れていたが、これらのすべては最初から決められていた枠内で行われなければいけなかった。だからこそ、満洲国のラジオ放送は、番組構成から内容まで政治的メッセージが多く、聴取者に政治的生活をさせているという川島真の説もあった[25]。

内容から考えると、満洲国のラジオ放送事業は構成の多様化の方向で進められていた。聴取者の言語的需要を考えて多言語放送システムを導入し、音楽、戯曲、ラジオドラマなど聴取者の興味を意識した多元的な番組構成を完成した。特にラジオドラマでは新劇運動と結びつけて作られた可能性は無視できなかった。しかし、ラジオドラマも同じように政治的操作によるジレンマに陥ってしまい、一時期の繁栄はあったものの、過剰な政治化によって娯楽性を失い聴取者の不評を買うしかなかった。

児童向けのラジオ放送も同様であった。各ラジオ放送局が輪番で番組制作を担当するシステムが機能した結果、豊かな内容を有した放送形態、聴取者の年齢層を意識した番組構成などが実現し、放送頻度、品質ともに評価できる点があった。同時に、学校まで入り込み、歌唱大会、弁論大会などの特別放送番組の開発も、児童向けラジオ放送の特徴であり、これについては満洲電信電話株式会社が技術と事業普及に専念していたことと深く関係し、学校という特別な社会組織がなければ決してできなかったことであろう。このようなラジオ番組に、児童は政治的記号として使われており、宣伝あるいは政策の需要によって頻繁に表出されていた。その中でもっとも代表的なのは、「日満親善」及び「満洲国独立」を強調する児童の政治的イメージであった。

児童は政治的記号として使われ、児童向けのラジオ放送もそれに応じて変化が生じた。「少国民対談」のような、児童向けの放送を利用した政治的演出が頻繁に現れるのはその証拠であった。これらの番組あるいはイベントで、児童は場合によってさまざまな役を演ずることを迫られた。日本と満洲国の親善と平等の表出では、彼らは親しく楽しい「少年少女」であり、満洲国の国際舞台での地位の主張では、彼らは姿勢正しい「少国民」となった。こうして「ヨイコ」という政治的イメージが登場し、児童による満洲国での政治的役柄は最高頂を迎えた。日本精神に基づいた国家主義と集団主義を唱える「ヨイコ」は、満洲国で「一心同体、戦争奉仕」という戦時協力の体制を作ろうとしたのだが、これはまさに矛盾となった。その理由は、「ヨイコ」に唯一に残されていたのは日本への崇拝であり、「友好」あるいは「平等」の要素を捨てた国家主義であったから。この矛盾によって、児童のメディアにおける政治的演出も破綻する結末を迎えた。

3　音楽放送と実況放送

（1）音楽放送とその検閲について

娯楽放送の重要な構成部分として、音楽や演劇などが毎日いくつか放送されていた。種類から見ると、日本からの中継によって、舞台劇、浪花節、漫才、落語そしてラジオドラマが放送され、そのなかに音楽番組として歌劇、管弦楽、日本地方民謡、小唄、長唄、楽器（ピアノ、バイオリン、琵琶など）独奏なども含まれていた。満洲国で編成された番組は少なく、地方劇や流行音楽のレコードがほとんどであった。

一九三五年六月、「満洲国の健全なる発達を阻害するが如きいかがはしいレコードが充満し、南支方面から支那のレコード、蘇聯方面から蘇聯の思想上どうかと思はれるものが頻々と入荷し、既に満人方面に国策上面白からざる影響を及ぼすとする傾向[26]」があると言われ、さらに「支那の反満抗日思想やソウェートロシアの革命思想さえレコードを通して移入されている[27]」状況の対策として、関東局刑務部から取締規則が出され、全満各署で実施されることとなった。これをもって満洲国での音楽に対する検閲が始まり、全てのレコードに関する製造輸入や販売営業は所轄警察署で検閲が必要とされ、放送前から早くもブロックされることとなった。以下、この時期にどのような音楽が禁止されたのか見てみよう。

本年五月頃コロムビアレコード会社で満支版として発売した「大路歌」と題するレコードは大連、奉天、新京の各常局における検閲をパスし全満的に売れ行き良好で流行歌として持て囃されたものであるが、この程突如チチハル警察庁の検閲にひっかかり、該レコードは一般に発売不可であるとし民政部に急報した。（中略）チチハル警察庁の理由は、該レコードは道路を開発してゆく歌であるが、その中に労働革命主義を謳歌せる点もあり思想取締り上甚だ面白からざる影響を及ぼすものとして没収した。(28)

この「大路歌」とは、一九三四年に上映された映画「大路」のテーマ曲であり、歌詞は次のようであった（日本語訳は筆者による）。

みんな汗を流し、
命のために、日に焼けることにも体の疲れにも気をつける暇がない。
みんな一緒に綱を引っ張れ、怠けないで、一つに団結すれば山ほど重い鉄も怖くない。
みんな努力して、前に進め。
でこぼこ道を直し、困難をおしつぶせ。
戦場へ向かっているように、撤退することなく前に進め。
みんな努力して、戦え。
重任を背負い、自由なる道はすぐに完成する。

この歌が労働者革命と結びつけられた理由は、「一つに団結」、「戦場」または「自由なる道」という文言であったと考えられるが、映画も歌も訴えるべき内容として、そこまではっきりとしていなかった。そして、新京、奉天を始め、満洲国では「大路歌」が流行り始めた。だがチチハル警察局から禁止令が出され、全満での発売中止、レコード回収となり、その姿が満洲国から消された。「反満抗日」、そして「敵性思想」の情緒を音楽から消すためにレコードは検閲され、日常の音楽鑑賞も、レコード放送も検閲された。だが、放送には、演奏室で演奏し、そのまま音を流すいわゆる音楽放送という形もあった。満洲国で活躍していた作家山丁の回想録には、音楽結社が思想上の問題で検挙を受けた、いわゆる「口琴（ハーモニカ）社事件」についての言及があるが、これは「口琴社」という団体により放送された曲に波及した検閲事件であった。一九三五年にこの団体はハルビン放送局に招かれ、第二放送を通して演奏放送をすることとなった。彼らの演奏曲目に「戦場の月」[29]があったが、検閲を避けるために曲名を「瀋陽の月」と変えた。その後一九三七年に「口琴社」が反満抗日団体とされ、「瀋陽の月」もそれから放送禁止とされたのである。[30]

敵性排除、風教適正、思想統一のためラジオ放送は放送者側の期待した方向でその機能を発揮するが、はたして聴取者側の期待は同じものであっただろうか。これには「音楽、演芸、歌謡曲とそれぞれが全部レコードである事や、曲目類似や放送者の顔ぶれの変化のないことはたまらなくなるのである。これはプロ編集者の無能と頭の硬化を示すものでしかない[31]」という不満の声もあった。放送内容が過剰に統制され、検閲されれば、多様性を失い、単一化されたものになってしまう。聴取者からすれば、特に娯楽性、芸術性が大事な要素となっている慰安放送の場合、その内容が「類似」したものとなってしまい、慰安放送番組は最大の機能を失ってしまったと言えるのである。たとえ放送側が満洲文化を創出しようとしても、ラジオが文化メディアという特性を奪われてしまった以上、放送される満洲国も中身のないイデオロギーのスローガンとなってしまうほかなかった。ラジオが持つ文化性に照らしてみても、無内容で無気力なものであり、聴取者にはあまりにも不満な内容であったからこそ、聴取者投書は厳しく指摘しているのである。さらに、多様性を強調するはずのラジオ放送番組が、放送側の検閲によって、機能的にはあたかもレコードと変わらなくなり、聴取者の不評を買ってしまったのであった。第一放送でも同様の状況が想定されるが、検閲をさらに強く受けていた第二放送では、より一層、深刻であったと考えられる。

「島の娘」の歌詞書き替えは、満洲国ではなく日本で行なわれ、満洲国ではただそれを放送しただけであった。しかし、「大路歌」は、敵性排除という強い目的から、満洲国で行なわれたものである。満洲国での音楽に関する統制は、「米英音楽」、「ソ連音楽」、「支那音楽」などに集中され、邦楽への検閲はほとんど行なわれなかった。つまり、ほぼ「敵性」と関係していたのである。それに対し、満洲国の原住民である各民族の音楽を録音し放送することは大いに提唱されていた。では、原住民の音楽に、一体なにを求めていたのだろうか。原住民の音楽を調査するため、二年間原住民と一緒に生活し、調査を行った電々社業課調査班に所属する丸山和雄の談話を見てみよう。

日本人は一般に異民族に対する関心が薄く従ってこれが真の意味における究明も満足に行は

れていない鑑みがあり常々残念に思っていました。特に今日のやうに日本を中心として東亜諸民族の解放と優れた統治を必要とする情勢下にあってはその重大性が痛感される。(32)

電々の一社員であった丸山和雄のこの話がどこまで本人の意志を表しているのかは分からないが、少なくとも、民族音楽を紹介することにより、日本を主とした民族統合を進めようという目的意識が見えてくる。これに基づいて満洲国での音楽検閲を振り返ってみると、当時の音楽放送の理念が明らかとなる。つまり、「敵性」が入っている他国音楽を排除し、東アジアの民族音楽を普及させて、満洲国の多民族性を顕現しようとするのが目標だったということである。統一性、国民性、協和精神などにより、音楽放送からの敵性排除が強調されていた。これは報道放送にも、教養放送にもなかった特徴である。ニュースや講演、学校放送のようなものは、現時点の状況に立ち、放送するものであったため、その放送内容に関しては、番組編成および審査組織の機能が働いていただけに「違和感」が出てくるはずがなかったのである。しかし、文化はそのほとんどがすでに存在しているものであり、必要なのは編成というより選別であった。満洲国に則した放送理念を貫くために報道や教養放送を編成し、聴取者を誘導することになるのだが、多くの素材から相応しいものを選び、「敵性」を取り除く作業により、放送の性格の統一を目指した苦心が、音楽放送の検閲から見えてくる。戦争に突入した日本とともに、「音楽戦線における明確なる一線を画し、我々にその拠るべき陣営を明示したものと云うべきで、満洲国が日本と一徳一心、生死存亡を共にする国である以上何等日本の方針と根本的に相違するものでなく、満洲国からも米英的音楽を追放すべきである」こととし、満洲国から「敵性の強い」米英音楽、そして「満系が好む上海製の音楽」を一斉に排除したことも、まさにその選別の一種であった(33)。

しかし、放逐するだけでは満洲国の文化を引き出す（創出する）ことはできない。通俗性と現実性と芸術性および世界観を確立して「満洲精神」を創り出すこともラジオ放送の一大使命であり、言うまでもないが、満洲国を代表しうる放送文化も必要となった。そのため「これに代わる健全な国民音楽の確立を図り国民精神作興、士気の昂揚に万全を期する(34)」ことも決められ、満洲原住民各民族の音楽を録音し放送することになった。これはラジオ放送により生み出された、満洲にしかない一種の放送文化であった。

(2) 実況放送

マイクのスタジオ外進出は放送が作り出した空間の拡大を意味する。各種運動競技、儀式、祭典実況の放送回数の増加とともに、放送形式に斬新な要素をもたらした。特に注目すべきは満洲国の姿をあらゆる角度から観察し、その様子を電波に乗せる社会見学の領域であった。

十三年度実況放送記録

一月

元　旦　旅順白玉山頂より戦捷初詣

十九日　白系ロシア人にとって最大の年中行事たるクリスチェーニエ（氷上洗礼祭）の実況

二三日　新京西公園スケートリンクから満洲国氷上選手権大会アイスホッケー戦の実況
三十日　鴨緑江氷上リンクから満鮮対抗氷上大会の実況
　　　　奉天・天津・上海三局リレー放送による「除夕情況」の一つとして、満洲の子供たちの楽しい大晦日街頭スケッチ「子供除夕」を奉天城内四平街路上から、日・満・中に中継放送

二月

十七日　真宗大谷派貫主大谷光暢師を迎えて、皇軍戦歿将士慰霊法要が奉天東本願寺別院より実況放送

三月

一日　新京大同公園式場から建国節慶祝大会実況
六日　新京南関文廟から春丁祝孔（春季孔子祭）
九日　在留邦人に防諜の重要性を強調するための展覧会の見学放送「武器なき戦争展覧会を見る」
十八日　安東から「鴨緑江解氷実況」

四月

二十日　新京大同広場式場から鄭孝胥氏の国葬
二五日　伊太利親善使節団着京実況
二六日　新京駅及び大同公園式場から使節団歓迎大会

五月
二日　新京国務院講堂から訪日宣伝記念日式典の実況中継
一四日　大連から伊太利使節団が離満の実況

六月
九日　国務院から満伊修好条約調印式実況

七月
三日　新京と奉天から鄭孝胥出殯安葬式、霊柩の発着実況及び葬列通過の実況
五日　新企画「研究室巡り」の第一回として奉天満洲医大耳鼻喉科教室聴力研究室から「聴覚の実験」を中継
八日　ハルビン松花江からラジオ訪問「江防艦の一日」
十七日　佳木斯から「スンガリーのショーボート」と題して北満奥地の文化に恵まれざる満人大衆への年一回の贈物の豪華版「慰問船」の実況

十八日から月末　大連・奉天・新京から日満対抗陸上競技大会の実況

八月

七日　満洲のローカルカラーも豊かに幾十世紀からに亘る神秘を籠めて「音に聴く道教の仙境」の模様が奉天の太清宮から日満中継

十四日　新京から全満水上選手権大会の実況

十六日　壺蘆島海岸から「渤海の潮音と壺蘆島風景」

二八日　第一回満鮮対抗水上競技大会実況

三十日　日露役首山堡の激戦を記念して「軍神橘中佐を想う夕」が思い出も深き橘山の現場から声涙共に下る内田軍曹の追憶談を加えていとも感慨深き中継放送

九月

一一日　全満寺院巡りの第一回として、ハルビンのイヴエルスキー寺院からエキゾチックな「チャペルの鐘」の音と賛美歌の合唱を中継

二五日　ラジオ見学として「回教中学校参観」

二六日　新京から満洲帝国協和会全国連合会議開会式

十月

十六日　ラジオ見学として撫順炭坑露天掘坑から「露天堀採掘実況」を子供の時間への生きた教材として全日満に中継放送

十一月
軍艦旗制定五十周年記念式典の実況が、旅順要港部前広場から放送

十二月
三一日「除夜の鐘」リレー放送を満洲は安東から送出した

この年の実況中継の実施記録を見れば、新京二十七回、奉天十五回、大連十回、ハルビン五回、安東二回、牡丹江と佳木斯それぞれ一回、合計六十一回で、ほとんど毎月何回か実況あるいは中継放送が行われていた。こういった実況放送が満洲国のラジオ放送に不可欠であったことは明らかである。

新聞と互いに補完し合い、速報性を活かした実況放送がラジオの発展と進歩上に一つ大きな変化をもたらしたことは、第三章で検討した。満洲国の実況放送は、さまざまな方面で試みを行っていた。文化的行事、政治的イベント、そしてスポーツ大会という三つの分野は、満洲国の実況中継の一番力を入れたところである。リストにあるように、孔子祭もあれば、イヴェルスキー寺院の実況中継もあるように、各民族の文化的遺産や行事をカバーした。そして、鴨緑江解氷実況や、海岸の

波音を中継する満洲国の自然風景を材料にした独特の内容も印象的である。また、ニュース放送の部分で言及した満洲国承認の友好調印式や、使節団の訪問実況なども中継された。これはニュースの宣伝的効果と同じように、満洲国のイメージを作り出すための重要な手段であったと考えられる。ほかに「聴覚の実験」、「露天堀採掘実況」など、教養的要素も入れた子供向けの科学普及番組も加え、満洲国の実況放送の内容をより充実させていた。

内容的に見れば、満洲国の実況放送は文化、政治、スポーツ、時事、科学技術など、あらゆる分野に触れている。分野に応じて、機能的にも、単なる速報性を生かした報道時間のみではなく、娯楽、報道、教養と、ラジオ放送が備えているほとんどの機能範囲にわたっている。このような実況中継システムによって作り出されたのは、内容豊かで宣伝、娯楽、情報伝達など、さまざまな機能を果たしていた放送空間であった。

第八章　放送事業の終焉

ここでは、歴史事実を整理し、満洲国ラジオ放送事業の終焉について紹介する。「おわりに」では、第一章から第七章までの内容を確認し、問題意識に対する検証結果をまとめ、ラジオ放送の多元的な機能を考える。最後に本研究の意義と将来の課題を提示して、むすびとする。

くろがねの扉を開き
日満の契は清く
草土拓くと
ここに生まれたり我が電々
いざ　いざや
我等励まむ
大き使命に

満洲の空澄み渡り
建設のいさをぞ高く
雄図のぶると
理想に輝けり我が電々
いざ　いざや
我等満さむ

重き任務に
奉公の誓尊く
親睦の世界をつなぐ
至誠つらぬき
とはに栄あれ我が電々
いざ　いざや
我等築かむ
固き基礎[1]

満洲電信電話株式会社の社歌であったこの歌は、毎日のように社内で歌われたり流されたりしたのであろう。一九四五年八月一五日、昭和天皇の「終戦の詔書」（玉音放送）の放送後、蒋介石による全国向けの講話がアナウンサーの朗読で放送された[2]。敗者と勝者の入れ替えを伝え、演出したのもラジオ放送であった。電々の歌声が途絶えるとともに、満洲国のラジオ放送事業も終焉を迎えた。

電々は成立当初、日満両国の法人であり、国策代行の機関であるとされていたので、電信、電話、放送の普及運営を任された以外、重要な政治的、軍事的地位も与えられた。そのため、日本敗戦後のこの組織の接収管理は、重要な課題となっていた。

ハルビンに真っ先に進駐したのはソ連軍であり、いずれは国府軍に引き継がれるものと思っていたが、遂に国府軍の姿はハルビン市内では見ることがなかった。（中略）間もなく八路軍の部隊が社宅の近所に駐屯するようになった。二、三日してはまた何処かへ去って行き、また新しい部隊がやって来た、戦闘が南へ南へと進展して行っている模様である。(3)

以上は電々の元社員小野地が綴った日本敗戦後間もない頃のハルビンの様子である。同じような風は、満洲全域で吹き始めた。満洲電信電話株式会社は日本の敗戦とともに消滅したが、この満洲国の最期に関する資料や記録は極めて少ない。ここで『赤い夕日』(4)に掲載された中井徳次郎氏による回想を引用し、電々最期の光景を紹介して、本論文の満洲国における放送事業に関する最後の一断片を補うこととする。

とくに終戦後はご承知のとおり、全満ばらばらになりましたが、新京は、私と平井君が事務と技術を代表した形で、社宅を確保するのが第一目的で、引き揚げまで相談にあずかりましたので、それだけで、何冊の本ができるほど、書き残したいことが多いのです。ちょっと項目だけを並べてみても、
一、八月九日午前二時、空襲警報鳴りわたってから、早朝全満社員に対する吉田総裁のあいさつとその前後の動き
二、九日午前七時ごろ、南嶺にこもった関東軍司令部への連絡と軍司令官の出張不在
三、北満・東満の各管理局との連絡と各局長の態度

四、関東軍のうろたえ方と本末てんとうの引揚・疎開計画とその結果としての大混乱
五、敗戦前日のＮＨＫからの天皇放送の連絡と満洲国幹部への通報と責任者銃殺事件
六、現地の徴発・撤兵の困乱
七、新京無防備都市宣言への現地満人幹部の画策と、吉田総裁の仲立事件
八、天皇放送後も会社社員家族の疎開・引揚計画を遂行した事情
九、軍・政府等の通化移転事件と満電はそれをきかず大内重役を一名派遣に止めたいきさつ
十、満洲中央銀行から、二千五百万円を退職金の一部として引き出し、私の社宅の応接間に一日置いて相談し、翌日三千余名の在新京社員に前払金として公平に分配した前後の事情
十一、吉田総裁・進藤副総裁・松尾・武部・広崎・金沢等々の諸氏の拘留、取調、強盗事件、小生の不快なるソ連スパイ事件など
十二、多数社員家族の割腹自殺事件
十三、北満各地よりの集結者に対する対策
十四、ソ連占領軍司令官、ヤコベンコ大佐との翌年三月二十三日までの間の捕虜としての会社課長級の被徴用関係とダワイ峠の話
十五、ソ連軍引揚の夜からはじまった満電社宅争奪を中心とする現地軍と中共軍の三日にわたる激突市街戦。小生の旧社宅は吹飛び、社員も数名、流弾や、休戦交渉の使に立たされて死亡した事件
十六、戦後、新京に入った中共の通信司令官は、元鞍山報話局の雇人であった。この人達とも

一カ月連絡係を、小生は相努めた件

十七、一カ月後、中共軍が引き揚げて、国民党軍が入り、私どもは国民党軍にあらためて、全満の通信を引継いだ。国民党代表は外ならぬ元天津電話局長の旧知の人であった。この人はその後不幸にも航空機事故で死亡された

十八、九月末、新京よりの引揚に伴う事件、とくに引揚途中のさまざまな悲しい事件

十九、引揚後上京してからの全然うまく行かなかった会社の後始末

以上から、重役が全部拘留されるなど、引揚をめぐる電々の最後の光景をうかがい知ることができる。項目の十五から十七までにあるように、日本敗戦後、ソ連の次に中共軍は満洲地域を接収した。その際に、新京に入った通信司令官は電々のもと社員であった。これは電々の放送事業を迅速に、障害なく引き継ぐために、業務内容や営業形態などに詳しい者を起用していたのだと考えられる。敗戦後の放送局は、すぐに機能を回復したのではなく、重慶の放送をそのまま中継していた。現存の放送録音盤のうち、日本敗戦後の録音内容は極めてすくなく、以下のいくつかの項目しかない。

一九四五年九月?日　重慶中継　国民党の部隊は接収管理に飛行機で南京と上海へ向う
一九四五年九月?日　重慶中継　国民党の国民大会を開催することに関する評論
一九四五年九月八日　重慶中継　何応欽は日本の降伏文書調印式に参加し南京へ向うなど

日本敗戦直後のものであったので、ほとんどは新聞や時事評論だったのではないかと考えられる。電々の日本人社員がひきあげ、ラジオ放送局はほぼ機能停止の状態になっていたために、このような放送になったのだろう。戦争に巻き込まれた満洲国で、さまざまな使命を負い、中国北方大陸を網羅した電々の放送網はそのまま残され、その後も機能を果たすこととなる。

おわりに

本書では、満洲国でのラジオ放送事業の運営について、関東州および日本占領前の中国東北、満洲国成立直後、そして満洲電信電話株式会社成立後という三つの時期に分けて考察した。日本占領前の中国東北部のラジオ放送に関する文献は現在ほとんど存在しない。ラジオは音声メディアであり、録音や保存の技術不足により時間の経過に伴い消えてゆく部分が多い。したがって、本書で取り上げた諸問題は、当時のラジオ放送に関係する史料、新聞掲載記事、現在の中国でのラジオ放送史に記載された当時の状況を示す資料といった側面から裏付けるしかない。

当時のハルビンラジオ放送局は中国人による最初のラジオ放送局とされ、開局とほぼ同時に放送管理条例が作られ、中国人によるラジオ放送の管理運営が始まった。中国東北のラジオ放送事業に関しては、なお未解明部分が多々存在する。たとえば、放送の効果や放送内容などがそうである。しかし、一九二〇年代に登場したラジオメディアが注目され、権力者たちによる統制が始まったという事実は、ラジオの威力が十分認識されていた証明になるだろう。音声のみのラジオは、伝達範囲が新聞や書籍などの視覚メディアをはるかに超えていた。非識字者や子供であっても、ラジオ受信機があればその音が耳に届いたし、家庭の主婦でも家事をしながらラジオが聴けた。ラジオ放送は聴取場所を選ばないため、どこにでも同時に音声が伝えられた。これこそが音声メディアのラジオが持つ威力である。時の権力者たちがみずからの統治支配に利用しない理由がなかった。日本占領以前の中国東北部でも、満洲国成立後でも、ラジオ放送の威力を利用しようとする放送側と、それを受けとめながらも反発する聴取側のせめぎ合いがあったとも言える。

満洲国でのラジオ放送事業は、三つの時期に分けることができる。第一は、日本と軍の統制下から独立し、満洲国を代表する音声メディアとなるべく成長した時期である。満洲事変で中国東北ラジオ時代が終わり、日本による統制管理が始まったが、ラジオ放送をめぐる状況は混乱を極めていた。戦後の慰安、宣撫のため、奉天とハルビンにある放送局は事実上、軍によって統制された。その後、満洲国の「心臓」とされた新京にラジオ放送を統制するため、新京放送局が置かれた。一方、日本人を主たる対象として関東州にあった関東逓信局所属の大連放送局が存在した。その後、満洲国の放送事業を支える奉天・ハルビン・新京・大連の四大放送局ができたが、それらの所属関係は非常にわかりにくく、複雑であった。しかも放送内容でも、誕生したばかりの満洲国放送にとって厄介な問題が発生した。貧弱な放送内容を補うため、日本での放送内容を大量に中継するという対策を講じ、それを管理したのは日本放送協会であった。満洲国におけるラジオ放送はより複雑なものとなった。これらを解決するために、満洲電信電話株式会社が翌年に誕生した。こうして四大放送局が電々の組織下に入り、その中の新京放送局が中心となった、放送電力の規模拡大計画が順調に進められるようになり、事業建設と運営で、国策会社である電々の役割と意義は大きかった。実際の運営には関東軍、協和会なども深く関係していたが、機能統合という意味から言えば、電々の存在が不可欠で、放送内容を統括し、聴取者の多民族性に対応しながら放送施設を拡充していくことなった。

電々の誕生を境に放送事業を全満に浸透させる全満放送網の建設が始まった。これが満洲国ラジオ放送事業の第二と言える。電々によるラジオ普及事業は、ラジオ放送を商業化する過程でもあり、同時に国家の経済、文化、軍事、国防などの分野にも関わる、充分に計画されたものであった。第一章での全満放送施設の状況を見るとわかるが、いわゆる全満放送網は三つの方向性を示していた。第一つは、経済および文化を中心とした都市部に対する放送拡充である。それは新京、奉天、ハルビン、大連での中央放送局の建設であり、これが満洲国におけるラジオ放送のもっとも重要な部分であった。都市でのラジオ普及は放送側から見れば、民族協和推進の使命を果たす手段であったからである。多民族が共存する満洲国ではあったが、日本人の大部分は都市部に集中して住んでおり、都市部でより起こりうる民族対立を和らげるためであった。また、商業化は購買力と緊密に繋がっていた。電々はラジオ普及会社の失敗から、ラジオ販売を直接経営に切り替え、電々型受信機の開発にも成功した。都市部に居住する中国人購買者を獲得したラジオ普及作戦は、大いに成功を収めた。このようにして、都市をラジオ普及の中心地として聴取者開拓を進め、やがて周辺地域への浸透をはかることが電々の方針であった。

二つ目の方向性は、農村または鄙地へのラジオ普及であった。電々のいわゆる全満放送網実現に向けた固い信念が見えてくるが、現実的には失敗に終わる。電気すら普及していなかった農村で電気に依存するラジオを普及させることは絵空事だったからである。それに気づいた電々は、乾電池型受信機に期待したが、乾電池の価格と実用性面から失敗した。最後の方策としての共同聴取案は、ラジオ放送を聴くというより、強制された講習会への参加であり、もはやラジオ放送が自分の意志で聴くものではなくなっていた。中国人が集中していた農村地域でのラジオの普及は電々の大きな目標であり、同時に最大のネックでもあった。

そして三つ目の方向は、安東、承徳、延吉、ハイラル、黒河、牡丹江など国境地帯への放送局の設置であった。これらの放送局は、ラジオ放送普及以上に外来電波の侵入阻止が大きな使命であった。「牡丹江、安東両局は専ら日語放送を送り出したが、承徳放送局は蘆溝橋事変を期とし、南京電波に対抗すべく満語を主とする日満混淆番組を送り出した」、「仮放送中であった延吉放送局が二〇〇ワットの電力を以って本施設放送を開始し、更に西北満洲国境要衝の地に放送第一線陣としてソ連侵犯電波の排除、自国電波の波及の為に年末慌しく開設した海拉爾、黒河放送局の開局を以て本年度の施設を一先づ打切ったのである」、「満蒙事変に処しては直に海拉爾放送局の二重化を図り、侵犯電波の排除竝宣伝宣撫に、放送の戦時使命の発揮に務めたのである。更に十月には東北満地域の要衝富錦に一〇〇ワット満語専用放送を開始し、北方への思想防塞を構へた」など(1)が、その証明となる。電々によって戦争や国防を意識した放送施設を建設し、ラジオ放送を普及させようとした方針がわかる。

これらから、全満放送網に込められた事業的意図がおおよそ見えてくる。まず、文化と経済の中心だった都市部でのラジオの普及。次いで、設備の制限によって全面普及が困難だった農村での宣伝的な放送内容と普及策の試行。そして、国境地域での外来電波の侵犯防護で、満洲の空を飛びかう電波が純化され、放送側の「声」を障害なく国民に伝えることが電々が思い描いた姿だった。

一方、全満放送網から独立して存在した対外放送は、満洲国における放送事業の第三構成部分となる。満洲国を「国家」として世界に紹介することを目的とした対外放送は、やがて日中戦争や太平洋戦争に巻き込まれ、激しく変容した。満洲国が日本に傾斜していくほど、対外放送は敵に発射する「弾丸」の意味合いを強めていった。その結果、満洲国の「非独立性」が露呈してしまったのである。ドイツ、イタリアとも電波国交を始めた対外放送だったが、「国家」としての地位をアピールしながら、枢軸国に協力して国際電波戦争の参戦国となったために、「国家」の虚像性が明瞭になってしまった。満洲国対外放送は、満洲国を具現化しながら、同時にそれを潰していくという矛盾をはらんでいたのである。

以上、事業運営からみた満洲ラジオ放送は、全満放送網を確立させることで、「国家の声」を伝え、満洲国という想像の共同体を確立させる使命を背負ったシステムであった。その放送使命の前提は「より良い放送内容を、より簡易な受信設備で出来るだけ多数の聴取者に聴かせること」であった。「より良い放送内容」の制作を除いた事業運営の面では、電々がすでにその任を背負っていた。そのため、良い放送内容の達成と番組編成上の統一性を求め、芸術性と娯楽性、さらに政治性を高める放送体制が登場したのである。

また本書では、報道、教養、慰安の三種類に分けて番組を編成した満洲国のラジオ放送の機能についても触れた。

新聞という伝統的メディアは、すでに民衆に受け入れられていたが、ラジオと映画は斬新なメディアであった。満洲国初期のラジオ放送は稚拙な存在であったが、満洲弘報協会による一連の新聞統制政策により、ニュース報道では、満洲電信電話株式会社が満洲国通信社と結ばれ、ラジオ放送と新聞の一体化が進んだ。こうした満洲国の新聞とラジオの関係と、太平洋戦争勃発後、民衆の情報に対する需要の増加は広範囲の情報伝達に優れているラジオが戦時ニュースと講演放送を通して、徐々に新聞を凌駕し、成長していく過程が明らかとなった。

聴取者と放送側がそれぞれ期待していた満洲国のラジオ放送は、双方の食い違いから生じたラジオ放送の変容を見るために、娯楽放送の代表とも言えるラジオドラマについて考察した。政治、経済、教育および文化方面で政策調整が行われた一九三七年の満洲国では、株式会社満洲映画協会と文話会など文化機関の設立に呼応し、満洲の新劇界が一時、繁栄した。ラジオドラマはこの時期に大いに期待され、関連機関の文芸協進会、満洲演芸協会が相次いで設立され、一九三八年の黄金期を迎えた。この時期のラジオドラマは、各都市を拠点とした多くの劇団の活躍で、聴取者からは好評を得た。しかし、思想指導および政治宣伝として有効なメディア・ツールと放送側に認識されたラジオドラマは、国民演劇という外来概念の提起と提唱によって、国策に付随するものに変容した。「聚散」、「救生船」そして「拓けゆく楽土」など、現在知られていない放送脚本に基づき、満洲国のラジオドラマの形式、性格および機能を検討し、満洲国でのラジオドラマの歴史と意義については第四章で触れた。

教養放送での日本語・中国語講座は番組として一般的となっていて、言語による民族統一が意識されていた。それ以外では、意思伝達機能としての電波から離れ、一般民衆の生活にまで浸透していたラジオ体操と学校放送があった。本書では、満洲国のラジオ放送がイデオロギー装置の一つだったと捉え、学校放送の機能を考察した。この種類の放送は、個別的な聴取空間から社会公共空間へと広がっていった。日本の学校放送の経験を吸収し、放送と教育を結びつけた満洲国の学校放送は、独自の目的があった。それは生徒に対する教育以上に、教師への教養育成を重視したことである。そこには日系教員に対する教育確立と満系教員に対する指導という二重の側面があった。満洲国の学校放送は、教育部と放送局からの放送委員会とその上部に置かれた放送参与会との共同管理であった。関東軍、関東局、弘報處、交通部、協和会、そして、電々から責任ある者が加わった放送参与会は、日本人の指導的地位と、他の民族の協力的立場という潜在的なメッセージを、第一放送と第二放送に込めて放送内容の企画、審議をおこなったことを、本書では多少なりとも明らかにした。

同じく聴取空間を拡大したラジオ体操は、学校放送よりさらに影響範囲を広げた。満洲国の特殊な歴史背景によって生まれた特殊な放送内容であり、さまざまな期待を背負っていた。放送とスポーツから生み出されたラジオ体操は、日本で想像以上に普及し、満洲国でも多民族性を考えた建国体操にまで変化を遂げた。本書では、大連の日本人在住者の体操ブームから、満洲国の多民族統合を図る建国体操、そして、戦時下に奉仕精神を求めるラジオ体操までの歴史を明らかにし、権威に対する服従的な儀式というラジオ体操の機能を指摘した。全満における一体感を喚起するラジオ体操、日本語を普及させ、日本人の指導的地位の確立をめざした学校放送、そして、側面から日本への協力を呼びかけた講演放送、この三つから満洲国での教養放送の実像が見え、そのいずれもが放送側の求める形だった。

国際放送は聴取効果の期待より放送行為、そのものが重要であった。したがって放送内容は、ラジオドラマと異なり、聴取者の存在があまり重要視されなかった。これらについては本書の第七章で明らかにしたが、番組によっては地域の文化的要素が具現化され、満洲国のイメージを想起させる効果を果たした。その意味では、満洲国の国際放送は世界で一定の影響力を持つようになった。しかし、戦時体制に入ると「弾丸効果」が強く求められ、日本への従属がよりあからさまとなり、その影響力も次第に失われていった。

実況放送は報道放送に近いが同種ではなく、社会見学の放送領域で、満洲国の姿を多角的に観察するものになっていた。文化、政治、スポーツ、時事、科学技術など、多様な分野を取り上げた実況放送は、内容豊かで宣伝、娯楽、情報伝達など、さまざまな機能を果たす放送形式で、音楽放送などとともに、多元的な満洲国のラジオ放送を構成した。

しかし、音楽放送はラジオドラマと同じく、娯楽放送として厳しく検閲を受けた。日本と中国の伝統音楽のほか、西洋音楽も放送されていたが、敵性排除などの浄化運動によって、多様性が失われ、娯楽としての機能を果たせないほど聴取者の不評を買った。文化創出という意味から満洲原住民音楽の調査などを行い、満洲国の多民族性の顕現を試みたが、全面的に宣揚することはできなかった。

満洲国でのラジオ放送事業運営は、都市での国民性統合、農村での国策普及、国境地帯での外来電波侵犯を防護、この三点から満洲の空に飛ばす電波を純化し、満洲国の「声」を障害なく国民に伝えることを目指した。これを前提に満洲国のラジオ放送はさまざまな試みを行った。このラジオ放送システムは、緻密で、内容が豊富で、さまざまな分野で機能していた。ニュース放送は新聞を凌駕するほどの力を持ち、ラジオドラマは市民生活に接近し聴取者の興味を喚起した。そして、ラジオ体操は満洲全域で行われるようになった。そのほか、実況放送、子供向けの放送などを加え、満洲国のラジオ放送は多元的な内容を有した。しかも、これらのラジオが作り出した空間のなかで民族的な壁を乗り越えたものもあったことは無視できない。しかし、放送側の一方的な統制強化によって、満洲国のラジオ放送は時間の推移とともに内容的に崩壊していったことも事実であった。本書では、その原因と過程、そして結果に至るメカニズムを、さまざまな角度から分析し、論証したつもりである。

本書が現在の情報伝達手段としてのメディアの構成および今後の展開に何らかの示唆を与えることができればと願わずにいられない。

注（はじめに～おわりに）

はじめに

1　満洲国という名称に関しては、中国では、日本の傀儡政権であることを主張するために、「偽満洲国」と称されている。日本においても、同じ主旨で満洲国に括弧をつけることが多い。本書では、このような歴史認識に同調するが、記述上の便宜から括弧をとって満洲国という名称をそのまま使用する。なお、関東州、奉天、新京などの地名や当時の政府関係組織名なども同様の理由で歴史的な呼称としてそのまま使用する。そして、特に説明のない場合、本書における「満洲」あるいは「満洲地域」、「満洲全域」は、関東州及び満洲国をあわせて称するものとする。

2　『戦争と放送 史料が語る戦時下情報操作とプロパガンダ』、竹山昭子、社会思想社、一九九四年

3　『史料が語る太平洋戦争下の放送』、竹山昭子、世界思想社、二〇〇五年

4　『太平洋戦争下　その時のラジオは』、竹山昭子、朝日新聞出版、二〇一三年

5　『ブラック・プロパガンダ：謀略のラジオ』、山本武利、岩波書店、二〇〇二年

6　『ラジオの戦争責任』、坂本慎一、PHP研究所、二〇〇八年

7　『JODK消えたコールサイン』、津川泉、白水社、一九九三年

8　「植民地朝鮮におけるラジオ『国語講座』一九四五年までを通時的に」、上田崇仁、皓星社『植民地教育史研究年報』第五号、二〇〇二年

9 「植民地朝鮮におけるラジオの役割」、朴順愛、『インテリジェンス』（特集：東アジアのメディアとプロパガンダ）第四号、二〇世紀メディア研究所、二〇〇四年
10 「帝国日本におけるラジオ放送の日韓比較（植民地朝鮮と帝国日本——民族・都市・文化）」、厳玄變、勉誠出版『アジア遊学』NO.138、二〇一〇年
11 「植民地期台湾におけるラジオ放送の導入」、本田親史、法政大学大学院紀要NO.54、二〇〇五年
12 「満州における日本のラジオ戦略」、山本武利、『Intelligence』第四号、二〇世紀メディア研究所、二〇〇四年
13 『戦争・ラジオ・記憶』、貴志俊彦・川島真・孫安石、勉誠出版、二〇〇六年
14 『メディアのなかの「帝国」』、山本武利、岩波書店、二〇〇六年
15 「声の勢力版図——『関東州』大連放送局と『満洲ラヂオ新聞』の連携」、橋本雄一、『朱夏』第一一号、せらび書房、一九九八年
16 「満洲国放送事業の展開—放送広告業務を中心に—」、石川研、『歴史と経済』一八五号、政治経済学・経済史学会、二〇〇四年
17 「満洲電信電話株式会社の多文化主義的放送政策」、白戸健一郎、日本マス・コミュニケーション学会二〇一一年度研究発表論文
18 『中国広播初軔史稿』、陳爾泰、中国広播電視出版社、二〇〇八年
19 「偽満広播：強制灌輸植民思想」、曲広華、『中国社会科学報』二〇一〇年九月第七版
20 「偽満時期的東北電信」、張雲燕、『内蒙古師範大学学報（哲学社会科学版）』第四〇巻第五期、二〇

○一年

第一章

1 劉瀚（一八八九〜一九四一）、北京通県出身、中国ラジオ放送の父と言われている。
2 「哈埠廣播無線電業之進展」、『電友』一九二七年第三巻第三期、電友社。原文は中国語、日本語訳は筆者による。以下引用する中国語文献の日本語訳も特に注記がなければすべて同様である。
3 『中国広播史考』、陳爾泰、一九九七年
4 「吾が国放送業務の概況（一）」、山根忠治、『宣撫月報』一九四一年八月号より引用。
5 『満洲日報』、一九三二年六月一五日
6 『満洲放送年鑑』昭和一四年巻四頁
7 「吾が国放送業務の概況（一）」、山根忠治、『宣撫月報』一九四一年八月号
8 『満洲放送年鑑』昭和一四年巻四頁
9 『満洲放送年鑑』昭和一四年巻六頁
10 『満洲日報』一九三三年四月八日
11 『満洲日報』一九三三年四月八日
12 『満洲日報』一九三三年三月二一日
13 一九二六年に劉瀚によって設立されたもの。
14 『満洲日報』一九三三年四月二一日

15 『満洲放送年鑑』昭和一四年巻六頁
16 『満洲日報』一九三三年六月四日
17 『満洲日報』一九三三年九月一日
18 「満洲放送事業の将来」、寛淵、『宣撫月報』一九三九年九月号
19 「吾が国放送業務の概況（一）」、山根忠治、『宣撫月報』一九四一年八月号
20 『満洲日報』一九三四年四月七日
21 『満洲日報』一九三四年一〇月三一日
22 『満洲放送年鑑』昭和一四年巻八頁
23 『満洲日日新聞』一九三五年二月二九日
24 『満洲日日新聞』一九三五年九月二七日
25 『満洲放送年鑑』昭和一四年巻八頁
26 「満洲放送事業の現状」、美濃谷善三郎、『宣撫月報』一九三九年五月号
27 『満洲年鑑昭和二〇年版』、『満洲放送年鑑』昭和一五年巻より筆者が整理した、（　）は放送開始日。
28 「満洲放送事業の現状について」、前田直造、『宣撫月報』一九三六年九月号
29 『満洲日日新聞』一九三六年一一月八日
30 『満洲放送年鑑』昭和一四年巻二三四頁
31 『満洲放送年鑑』昭和一四年巻二三三頁
32 特に安東においては一九三二年から税関長官によりラジオなどの輸入は自由となっていた。

33 『満洲電信電話株式会社十年史』一五五七頁
34 『満洲放送年鑑』昭和一四年巻一二頁
35 『満洲電信電話株式会社十年史』一五五八頁
36 『満洲日日新聞』一九三六年八月三日
37 『満洲放送年鑑』および『満洲電信電話株式会社十年史』により筆者が整理したものである。
38 『満洲電信電話株式会社十年史』一五六四頁
39 「年内に五十万突破　放送聴取者満人側に激増」、『宣撫月報』一九四一年七月号
40 『満洲電信電話株式会社十年史』一五六四頁
41 「農村ラジオ化に関する当面の諸問題」、中島光夫、『宣撫月報』一九三九年一一月号
42 「農村ラジオ化に関する当面の諸問題」、中島光夫、『宣撫月報』一九三九年一一月号
43 『満洲日日新聞』一九四〇年六月四日
44 「農村ラジオ化に関する当面の諸問題」、中島光夫、『宣撫月報』一九三九年一一月号
45 「吾が国放送業務の概況（一）」、山根忠治、『宣撫月報』一九四一年八月号
46 「省県旗を中心とするラジオ共同聴取の組織とその指導」、弘報処宣伝科、『宣撫月報』一九三八年七月号
47 「吾が国放送業務の概況（一）」、山根忠治、『宣撫月報』一九四一年八月号
48 「満洲国とラジオ」、川島真、二〇〇六年
49 『植民地年鑑第一一号』、日本図書センター、二〇〇〇年一月二五日

50 『満洲放送年鑑』昭和一四年版、三一―三五頁

51 「吾が国放送業務の概況（三）」、山根忠治、『宣撫月報』一九四一年一〇月号

第二章

1 「満洲国とラジオ」、川島真、二〇〇六年

2 「満洲電信電話株式会社の多文化主義的放送政策」、白戸健一郎、二〇一一年

3 当時の放送方針による分類法であり、本書ではこれをそのまま使用する。

4 『満洲日日新聞』一九四一年三月二六日

5 『満洲日日新聞』、『大同報』掲載の番組表に基づき、筆者が整理、作成した。

6 （ ）は第二放送時刻。

7 「満洲国とラジオ」、川島真、二〇〇六年

8 「第二放送聴取者座談会」、『宣撫月報』一九三九年九月号

9 「定期ラジオ放送　政策の時間に就いて」、弘報処放送班、『宣撫月報』一九三九年九月号

10 『大同報』一九四一年四月六日

11 『日本放送史』第一期「放送の誕生」、七五―一〇二頁

12 『満洲日日新聞』一九三五年九月

13 『満洲日報』一九三四年七月二一日

14 以上は『満洲電信電話株式会社十年史』一四〇一―一四一〇頁

15 「録音盤目録資料」、吉林档案館所蔵
16 事業運営上の放送側は電々を指すが、本書では特別な説明がない限り、放送側とは、満洲国政府、放送関係機関、放送局までひっくるめて広義の使い方である。
17 「満洲放送に対する要望」、山根忠治、『宣撫月報』一九三九年九月号
18 「吾が国放送業務の概況（二）」、山根忠治、『宣撫月報』一九四一年九月号
19 「満洲放送事業の現状」、美濃谷善三郎、『宣撫月報』一九三九年五月号
20 「満洲放送に対する要望」、岸本俊治、『宣撫月報』一九三九年九月号
21 『文学にみる満洲国の位相』、岡田英樹、二〇〇〇年
22 「放送内容の取締方針に就いて」、油川勇、『宣撫月報』一九三九年九月号
23 「ラジオを聴くことと聴かすこと」、金沢覚太郎、『宣撫月報』一九三九年九月号

第三章

1 『満洲放送年鑑　昭和一五年版』、満洲電信電話株式会社、一九四〇年四月、一九九七年復刻版、四二頁
2 『満洲における日本人経営新聞の歴史』、李相哲、凱風社、二〇〇〇五年
3 『満洲における日本人経営新聞の歴史』、李相哲、凱風社、二〇〇〇五年
4 「ラジオ放送との遭遇　生まれ変わる新聞」、筑瀬重喜、『メディア史研究』第二二号（二〇〇七年六月）、メディア史研究会より要約

5 「放送録音盤目録」、中国吉林省档案館所蔵
6 「放送録音盤目録」、中国吉林省档案館所蔵
7 「放送録音盤目録」、中国吉林省档案館所蔵
8 「録音盤目録」に基づいて整理したものである。「?」は日付不明、以下同。
9 「吉林省档案館　満洲国ラジオ録音盤」、野村優夫、『増補改訂 戦争・ラジオ・記憶』、勉誠出版、二〇一五年、三〇四—三〇六頁

第四章

1 「社会文化の位相から見た中国の都市　——旧『満洲国』の都市における演劇活動に関する考察」、大久保明男、『二〇〇三年度東京都立短期大学特定研究報告書』、二〇〇四年
2 『満洲放送年鑑　第一巻』、満洲電信電話株式会社、緑蔭書房、一九九七年復刻版、九七—九九頁
3 『満洲国現勢』、満洲国通信社、一九四一年、五一頁
4 「聴了養育之恩养育之恩」、聶明、『盛京時報』一九三九年二月二七日—二八日
5 「記大年初二」、凡郎、『盛京時報』、一九三九年三月二七日
6 「四一年放送話劇再検討」、李文湘、『盛京時報』一九四二年二月四日
7 「国民演劇と放送事業」、三浦義臣、『宣撫月報』第四巻第八号、一九三九年
8 『国民演劇と農村演劇』、飯塚友一郎、清水書房、一九四一年
9 「国民演劇の構想と企画」、上原篤、『満洲芸文通信』第一巻第一一号、一九四二年

10 「満洲中央劇団の新しき出発に際して」、笠間雪雄、『満洲芸文通信』第二巻第五号、一九四三年
11 「職業劇團戰時下的責任和生存問題」、白萍、『大同報』一九四二年一〇月二三日
12 「放送脚本　聚散（一）」、文才、『大同报』一九三九年八月一八日
13 テキストの全文を本章「資料：二つの脚本」に付す。
14 『申報』一九三九年九月二日
15 「ラジオ・ドラマの演出」、絲山貞家、『宣撫月報』、一九三九年九月号
16 『満洲国警察概況』、民生部警務司編、興亜印刷局、一九三五年、七九三頁
17 『満州国警察概況』、民生部警務司編、興亜印刷局、一九三五年、七九五頁
18 「我が国の放送業務概況（二）」、山根忠治、『宣撫月報』、一九四一年九月
19 『哈爾濱電台史話』、爾泰・叢林、哈爾濱地方志編纂辦公室、一九八六年より引用。
20 『文学にみる「満洲国」の位相』、岡田英樹、研文出版、二〇〇〇年三月
21 「閑話放送劇」、荘也平、『青年文化』第二巻第一一号、一九四四年
22 「満映之夕」、『大同報』一九三八年一一月五日
23 ほかに、一九三九年二月四日に放送された「四潘金蓮」もあるが、これは満映の作品ではなく、京劇「五花洞」の実況撮影であったため、本書では研究対象として取り上げないことにする。
24 時間は電々による放送時間。映画の制作情報、出演者およびあらすじは『大同報』に掲載された記事と山口猛著『幻のキネマ満映　甘粕正彦と活動屋群像』（東京：平凡社、一九八九年、三四六頁）から要約。

25　「今日放送」、『大同報』一九三八年一二月二日
26　「話劇黎明曙光梗概」、『大同報』一九三九年九月九日
27　「満映之夕」、『大同報』一九三八年一一月五日
28　「満映作品　国法無私本事」（『大同報』一九三八年一二月八日）より要約・翻訳。
29　山口猛『幻のキネマ満映　甘粕正彦と活動屋群像』、東京：平凡社、一九八九年、五九―六〇頁
30　一九四〇年李明は再び満映に戻り、「愛焔」と「流浪歌女」に出演したことがある。後者は彼女の満映時代の最終作。
31　『満洲放送年鑑　第一巻』、満洲電信電話株式会社、緑蔭書房、一九九七年復刻版
32　『大同報』一九三九年一一月一九日、二三日、二五日に連載
33　『警友　日文版』、満洲国警察協会、第三巻第一号、一九三九年一月、一五七―一六八頁

第五章

1　マルクス主義的権力論の系譜における「国家装置」は、政府、行政機関、軍隊、警察、裁判所、刑務所を含んでいる定義であり、それを「国家の抑圧装置」と言う。抑圧とは、物理的暴力の行使であると理解する。それに対して、一つの「国家のイデオロギー装置」（ＡＩＥ）は、諸制度の、諸組織の、そしてそれらに対する特定の諸実践の一つのシステムである。このシステムの諸制度、諸組織、そして諸実践のなかで、「国家のイデオロギー」の全体または部分が現実化される。ＡＩＥのなかで現実化されたイデオロギーは、このイデオロギーだけでは説明できないが、しかし、イデオロギーの「支

え」となるそれぞれのＡＩＥに固有する物質的諸機能のなかに「深く根をおろしていること」にもとづいて、そのシステムの統一を確保するのである。

2　『日本放送史』第二期第二章「第二放送の番組編成方針」、一八八頁
3　『学校放送二五年の歩み』日本放送協会、一九六〇年、五七頁
4　『学校放送二五年の歩み』前掲、一〇六頁
5　『学校放送の調査と実験』ＮＨＫ放送文化研究所、一九六〇年、一一頁
6　「学校放送の番組強化と普及活動」日本放送協会、一九六〇年
7　「学校放送聴取利用調査報告書」日本放送協会、一九四二年
8　「学校放送」第一号、日本放送協会、一九三五年四月
9　『満洲電信電話株式会社十年史』満洲電信電話株式会社、一四六四頁
10　『満洲電信電話株式会社十年史』前掲、一四六五頁
11　第二放送の放送内容として、中国語以外の言語を使用し編成した番組もあったが、本書では中国語だけを対象とする。
12　『満洲国「民族協和」の実像』、塚瀬進、吉川弘文館、一九九八年、八〇頁
13　『満洲電信電話株式会社十年史』前掲、一四六八頁
14　「ラジオを通じて学校教育」『宣撫月報』第四巻第五号、一九三五年五月
15　一九四二年、放送番組刷新が行われ、「教師の時間」の放送時間が変更され、第二放送の金曜日に満洲編成に基づく放送番組が新設された。この表はその時点からの放送時刻と放送内容を整理してまと

めたものである。
16 「満洲国の国語政策と日本語の地位」、森田孝、『日本語』一九四二年五月
17 「『満洲国』の『国語』政策」、安田敏朗、『しにか』大修館書店、一九九五年
18 『満洲放送年鑑』第一巻、九〇頁
19 『学校放送二五年の歩み』前掲、一一九―一二〇頁
20 『満洲電信電話株式会社十年史』前掲、一四六五頁
21 『満洲電信電話株式会社十年史』前掲、一四六八頁
22 『学校放送二五年の歩み』前掲、一一七頁
23 『満洲電信電話株式会社十年史』前掲、一四七七頁

第六章

1 中国のラジオ体操に関する先行研究は、「身体的集団儀式」、路雲亭、『体育與科学』NO.188、江蘇省体育科学研究所、二〇一一年一月。「中、日両国広播体操発展歴程及運動負荷的比較研究」、姜桂萍、『北京体育大学学報』Vol.24、二〇〇一年六月「浅談我国広播体操的発展演変」、陳暁華、『文史博覧(理論版)』、中国人民政治協商会議湖南省委員会、二〇一一年八月が代表的である。
2 この時期のラジオ体操に関して、『素晴らしきラジオ体操』、高橋秀実、(小学館、二〇〇二年九月)が紹介している。
3 「『ラジオ体操』についての史的考察」、阿部茂明、浜和彦、有本守男、『日本体育学会大会号』二三

号、社団法人日本体育学会、一九七二年九月。『ラジオ体操／かんぽ生命（生保・損保特集　二〇〇八年版）』東洋経済新報社、二〇〇八年一〇月。
4 『ラジオ体操感想文集　ラジオ体操放送開始十周年記念』日本放送協会、一九三九年六頁。
5 「ラジオ体操をする桃太郎——戦時下太宰治文学と〈健康〉」、藤原耕作、大分大学教育福祉科学部研究紀要二七号、大分大学教育福祉科学部、二〇〇五年一〇月、一九五頁。
6 『満洲日報』一九三二年一二月六日
7 『満洲日報』一九三二年一二月九日
8 『満洲日報』一九三三年七月一八日
9 『満洲日報』一九三三年八月六日
10 高橋秀実『素晴らしきラジオ体操』（前掲）
11 『体操』一九三九年七月号。
12 『満洲日報』一九三五年二月二三日
13 『満洲日日新聞』一九三五年五月一七日
14 『満洲日日新聞』一九四〇年七月六日
15 『満洲日日新聞』一九三七年九月一六日
16 『満洲日日新聞』一九三七年二月二八日
17 『満洲日日新聞』一九三七年五月一五日
18 『満洲日日新聞』一九四二年八月一四日

19 A ritual view of communication. ジェイムズ・ケアリーが提唱するコミュニケーション理論。コミュニケーションを儀式として定義し、その目的は空間的に情報を伝達することではなく、時間的にある構造を維持することである。情報を共有する行為ではなく、共同信仰の象徴（representation）である。この儀式を繰り返すことによって、特定した世界観を強調して認識させる。

20『満洲日日新聞』一九四三年七月一日

21『濱江時報』一九三六年九月一八日

第七章

1「第三回直属局長会議議事録」、満洲電信電話株式会社、一九四二年

2『満洲電信電話株式会社十年史』一四九〇頁

3「放送事項の指導方針に就いて」、岸本俊治、『宣撫月報』一九四一年三月

4『満洲日日新聞』一九四〇年二月二八日

5『満洲日日新聞』一九三七年七月二〇日

6『満洲電信電話株式会社十年史』一四九一頁

7「満洲帝国国際放送に就いて」、武本正義、『宣撫月報』一九三九年九月号

8「満洲帝国国際放送に就いて」、武本正義、『宣撫月報』一九三九年九月号

9『満洲日日新聞』一九四二年八月一四日

10『満洲日日新聞』一九四〇年一一月二二日

11　『満洲放送年鑑 第一巻』満洲電信電話株式会社、緑陰書房、一九九七年復刻版、八〇頁
12　同前。八一頁
13　『満洲日日新聞』一九四一年二月二六日
14　『朝日新聞』一九三二年六月一九日
15　「日米人形交流から満洲国少女使節へ：国際交流における子供の活用」是澤博昭『歴史評論』七五六
丹波書林、二〇一四年四月
16　『満洲日日新聞』一九三五年二月二四日
17　『満洲日日新聞』一九四一年八月二八日
18　『満洲日日新聞』一九四三年四月一二日
19　『満洲電信電話株式会社十年史』満洲電信電話株式会社編　一九四三年、一四六八頁。
20　『朝日新聞』一九四〇年一〇月三〇日
21　『満洲日日新聞』一九四三年六月二七日
22　『満洲日日新聞』一九四三年六月一五日
23　『満洲日日新聞』一九四三年四月七日
24　『満洲日日新聞』一九三三年六月四日。
25　「帝国とラジオ 満洲国において『政治生活をすること』」川島真『メディアの中の「帝国」』岩波書
店、二〇〇六年、二一一頁。
26　『満洲日報』一九三五年六月一九日

27 『満洲日報』一九三五年六月二三日
28 『満洲日報』一九三五年七月二六日
29 蒋介石の命令を受け瀋陽から軍隊が撤退する場面を描く曲
30 『哈爾濱電台史話』、爾泰・叢林、一九八六年
31 『満洲日日新聞』一九四〇年四月二〇日
32 『満洲日日新聞』一九四二年七月一七日
33 『満洲日日新聞』一九四三年三月二〇日
34 『満洲日日新聞』一九四三年三月二〇日

第八章

1 『あれから二十五年』、渡辺立樹、満洲電々職練会、一九七〇年九月一五日
2 「録音盤目録資料」、吉林省档案館所蔵
3 『曠野の涯に　満洲電々社員の敗戦記録』、西山武典、小野地光輔、福川正夫、一九八四年八月一日
4 満洲電々追憶記集「赤い夕日」刊行会、一九六五年

おわりに

1 『満洲電信電話株式会社十年史』、満洲電信電話株式会社編、一九四三年

参考文献

Benedict Anderson(2006),Imagined communities : reflections on the origin and sPread of nationalism(Rev.ed), Verso.

Denis McQuail(1983),Mass communication theory : an introduction 1 st, Sage Publications.

Eric McLuhan and Marshall McLuhan(2011),Theories of communication,P. Lang.

Marshall McLuhan(1994),Understanding media : the extensions of man,MIT Press.

Schramm Wilbur (1960),Mass communications (2nd ed.),University of Illinois Press.

Seo Jaekil (2010) Dual Broadcasting and Diglossia in the Japanese Colonial Period, Seoul Journal of korean studies 23, No.2

安犀（一九四三）「一年来的満洲話劇界」、『華文毎日』一九四三年二月号

姜桂萍（二〇〇一）「中、日両国広播体操発展歴程及運動負荷的比較研究」、『北京体育大学学報』Vol.24

曲広華（二〇一〇）「偽満広播：強制灌輸植民思想」、『中国社会科学報』二〇一〇年九月第七版

姜紅（二〇一三）『西物東漸與近代中国的巨変　収音機在上海（一九二三―一九四九）』、上海人民出版

周佳栄（二〇一二）『近代日人在華報業活動』、岳麓書社

爾泰・叢林（一九八六）『哈爾濱電台史話』、哈爾濱地方志編纂辦公室

『盛京時報』一九三七年～一九四四年

荘也平（一九四四）「閑話放送劇」、『青年文化』第二巻第一一号
孫邦（一九九三）『偽満史料叢書　偽満文化』、吉林人民出版社
『大同報』一九三七年～一九四二年
太史麟（一九四二）「滿洲的戯劇」、『盛京時報』一九四二年五月一五日

陳暁華（二〇一一）「浅談我国広播体操的発展演変」、『文史博覧（理論版）』、二〇一一年八月号
張毓茂（一九九六）『東北現代文学大系　評論巻』、瀋陽出版社
張云燕（二〇一一）「偽満時期的東北電信」、『内蒙古師範大学学報（哲学社会科学版）』第四〇巻第五期
陳爾泰（二〇〇八）『中国広播初軔史稿』、中国広播電視出版社
白萍（一九四二）「職業劇團戰時下的責任和生存問題」、『大同報』一九四二年一〇月二三日
『濱江時報』一九三六年～一九三七年
穆儒丐（一九二三）「新劇與旧劇」、『盛京時報』一九二三年九月二八日～一〇月一六日
孟語（一九四六）「淪陥期的東北戯劇」、『東北文学』一九四六年二月号
李文湘（一九四二）「四一年放送話劇再檢討」、『盛京時報』一九四二年二月四日
劉慧娟（二〇〇八）『東北淪陥時期文学史料』、吉林人民出版社、二〇〇八年七月
「録音盤目録資料」（吉林省档案館所蔵）
路雲亭（二〇一一）「身体的集団儀式」、『体育與科学』NO.188

阿部茂明・浜和彦・有本守男（一九七二）「ラジオ体操についての史的考察」、日本体育学大会号二三号
飯塚友一郎（一九三七）「放送国民演劇についての私案」、『国民演劇と農村演劇』、清水書房、一九四一年
石川研（二〇〇四）「満洲国放送事業の展開：放送広告業務を中心に」、『歴史と経済』一八五号
岩野裕一（一九九九）『王道楽土の交響楽』、音楽之友社
梅村卓（二〇〇八）「抗日・内戦期中国共産党のラジオ放送」、『アジア研究』Vol.54
上原篤（一九四二）「国民演劇の構想と企画」、『満洲芸文通信』第一巻第一一号、一九四二年一二月
上田崇仁（二〇〇二）「植民地朝鮮におけるラジオ『国語講座』一九四五年までを通時的に」、皓星社『植民地教育史研究年報』第五号
遠藤正敬（二〇一〇）「満洲国における身分証明と『日本臣民』」、『アジア研究』Vol.56
大久保明男（二〇〇四）「社会文化の位相から見た中国の都市―旧『満洲国』の都市における演劇活動に関する考察」、『二〇〇三年度東京都立短期大学特定研究報告書』、二〇〇四年七月刊
岡田英樹（二〇〇〇）『文学にみる「満洲国」の位相』、研文出版、二〇〇〇年三月
岡村敬二（二〇一二）『満洲出版史』、吉川弘文館
笠間雪雄（一九四三）「満洲中央劇団の新しき出発に際して」、『満洲芸文通信』第二巻第五号、一九四三年八月
金沢覚太郎（一九六六）『放送文化小史』、岩崎放送出版社
木村一信（二〇〇〇）『戦時下の文学　拡大する戦争空間』、インパクト出版会

貴志俊彦・川島真・孫安石（二〇〇六）『戦争・ラジオ・記憶』、勉誠出版
栗原彬・小森陽一・佐藤学・吉見俊哉（二〇〇〇）『装置：壊し築く』、東京大学出版会
厳玄變（二〇一〇）「帝国日本におけるラジオ放送の日韓比較（植民地朝鮮と帝国日本――民族・都市・文化）」、勉誠出版『アジア遊学』NO.138
駒込武（一九九六）『植民地帝国日本の文化統合』、岩波書店
桜本富雄（一九八五）『戦争はラジオにのって：一九四一年一二月八日の思想』、マルジュ社
坂上康博（一九九八）『権力装置としてのスポーツ　帝国日本の国家戦略』、講談社
佐藤卓巳（一九九八）『現代メディア史』、岩波書店
坂本慎一（二〇〇八）『ラジオの戦争責任』、ＰＨＰ研究所
四方田犬彦・晏尼（二〇一〇）『ポスト満洲　映画論　日中映画往還』、人文書院
白戸健一郎（二〇一一）「満洲電信電話株式会社の多文化主義的放送政策」、日本マス・コミュニケーション学会二〇一一年度研究発表論文
『宣撫月報』一九三九年～一九四三年
田邊澄夫（一九四二）『満洲短篇小説集』、満洲有斐閣、一九四二年三月
高橋秀実（二〇〇二）『素晴らしきラジオ体操』、小学館
竹山昭子（一九九四）『戦争と放送 史料が語る戦時下情報操作とプロパガンダ』
竹山昭子（二〇〇五）『史料が語る太平洋戦争下の放送』、世界思想社

竹山昭子（二〇一三）『太平洋戦争下　その時のラジオは』、朝日新聞出版
電々倶楽部（一九三九）『電電』第五巻第六号、電々倶楽部発行、一九三九年六月
電々倶楽部（一九三九）『電電』第五巻第八号、電々倶楽部発行、一九三九年八月
電々倶楽部（一九四〇）『電電』第六巻第七号、電々倶楽部発行、一九四〇年七月
電々倶楽部（一九四〇）『電電』第六巻第八号、電々倶楽部発行、一九四〇年八月
電々一心会（一九四二）『電電　満文版』第八巻第三号、電々一心会発行、一九四二年三月
津川泉（一九九三）『JODK消えたコールサイン』、白水社
塚瀬進（一九九八）『満洲国「民族協和」の実像』、吉川弘文館
筑瀬重喜（二〇〇七）「ラジオ放送との遭遇　生まれ変わる新聞」、『メディア史研究』第二二号、メディア史研究会、二〇〇七年六月
西山武典、小野地光輔、福川正夫（一九八四）『曠野の涯に　満洲電々社員の敗戦記録』、中西印刷株式会社、一九八四年
西原和海・川俣優（二〇〇五）『満洲国の文化　中国東北のひとつの時代』、せらび書房
日本放送協会（一九六〇）『学校放送二五年の歩み』、日本放送教育協会
NHK放送文化研究所（一九六〇）『学校放送の調査と実験』、NHK放送文化研究所
日本放送協会（一九六五）『日本放送史』、日本放送出版協会
橋本雄一（一九九八）「声の勢力版図―『関東州』大連放送局と『満洲ラヂオ新聞』の連携」、『朱夏』第一一号せらび書房

早川治子（二〇〇六）「戦時下のラジオドラマの内容分析」、文教大学文学部紀要第二〇―一号
藤原耕作（二〇〇五）「ラジオ体操をする桃太郎――戦時下太宰治文学と〈健康〉」、大分大学教育福祉科学部研究紀要二七号
福田敏之（一九九三）『姿なき先兵：日中ラジオ戦史』、丸山学芸図書
古市雅子（二〇一〇）『満映電影研究』、九州出版社
本田親史（二〇〇五）「植民地期台湾におけるラジオ放送の導入」、法政大学大学院紀要NO.54
朴順愛（二〇〇四）「植民地朝鮮におけるラジオの役割」、二〇世紀メディア研究所『インテリジェンス』（特集：東アジアのメディアとプロパガンダ）第四号
『満洲日日新聞』一九三二年六月～一九四三年一二月
満洲国警察協会（一九三九）『警友　日文版』第三巻第一号、一九三九年一月
満洲電信電話株式会社（一九三九）『満洲放送年鑑　第一巻』、緑蔭書房、一九九七年復刻版
満洲電信電話株式会社（一九四〇）『満洲放送年鑑　第二巻』、緑蔭書房、一九九七年復刻版
満洲電信電話株式会社（一九四二）『電々の十年』、まゆに書房、二〇〇四年復刻版
満洲電信電話株式会社（一九四三）『満洲電信電話株式会社十年史』、吉林省档案館所蔵
満洲日報社（一九四五）『満洲年鑑昭和二〇年版』、日本図書センター、二〇〇〇年復刻版
満洲電々追憶記集「赤い夕日」刊行会（一九六五）『赤い夕日』、「赤い夕陽」刊行会事務局
三浦義臣（一九三九）「国民演劇と放送事業」、『宣撫月報』第四巻第八号、一九三九年九月
三宅周太郎（一九四二）『演劇五十年史』、鱒書房、一九四二年九月

山口猛『幻のキネマ　満映　甘粕正彦と活動家群像』、平凡社、一九八九年
山口猛『哀愁の満州映画』、三天書房、二〇〇〇年
安田敏朗（一九九五）「『満洲国』の『国語』政策」、大修館書店『しにか』、一九九五年
山本武利（二〇〇二）『ブラック・プロパガンダ：謀略のラジオ』、岩波書店
山本武利（二〇〇六）『メディアのなかの「帝国」』、岩波書店
吉見俊哉（二〇一二）『メディア文化論　改訂版』、有斐閣
李相哲（二〇〇〇）『満州における日本人経営新聞の歴史』、凱風社
ルイ・アルチュセール（一九九五）『再生産について　イデオロギー国家のイデオロギー諸装置』、西川長夫・伊吹浩一・大中一彌・今野晃・今家歩 訳、平凡社、二〇〇五年
渡辺立樹（一九七〇）『あれから二十五年』、満洲電々職練会、一九七〇年九月一五日

あとがき

本書は二〇一五年に首都大学東京に提出した博士論文『満洲国のラジオ放送事業に関する研究』が基になっています。刊行するにあたり大幅に構成を変え、表現的にも修正を加え、明らかな文字の誤りなどを訂正しました。ただし資料的に新たにつけ加えたり、内容を大きく変えたりした箇所はありません。

博士論文執筆時には、多くの方々からご指導・ご鞭撻・ご協力をいただきましたが、つい昨日のように思い出されます。

「満洲国」文学の研究者・評論家の西原和海先生は、雑誌『電々』など「満洲国」のラジオ事業に関わる貴重な資料を提供してくださいました。日頃、先生の授業では、なにかと気にかけていただき、多くの示唆や励ましのお言葉をいただきました。中文研究室の佐藤賢先生（現明海大学専任講師）と上原かおり先輩（現首都大学東京非常勤講師）には、日本語文章の添削で多大なお力添えをいただきました。お二人はご多忙のなかにもかかわらず、いつも懇切丁寧に応じてくださり、適切なご助言までしてくださいました。また、東京都立大学名誉教授の南雲智先生は、勉強会や研究会などでお目にかかる度、叱咤激励をしてくださいました。同じく東京都立大学ご出身の宮入いずみ先生（現首都大学東京非常勤講師）は、論文の最終仕上げの段階で万難を排してチェックしてくださり、ご指摘をいただきました。

また、中国での現地調査や資料収集では、松下幸之助記念財団（二〇一二～二〇一三、実況録音からみる「満洲国」ラジオ放送の多文化性――中国吉林省档案館録音盤の調査を中心に）、小林節太郎記念基金（二〇一三～二〇一四、「満洲国」ラジオ放送の対外的影響――北京と南京における資料調査を中心に）からご支援をいただきました。

最後に、指導教官の大久保明男先生には大学院修士課程に入学してから常に親身なご指導をいただき、博士論文執筆では無論のこと、本書の刊行も先生のお力添えがなければ、かなわなかったはずです。この場を借りて厚くお礼を申し上げます。

本書刊行にあたっては論創社の森下紀夫社長にはこのような内容の文章に深いご理解をいただいたことに、厚くお礼を申し上げます。また編集氏からは一般書として刊行するにあたって、編集者の目から文章の修正とご意見をいただきました。深く感謝申し上げます。

多くの方々のお力添えがなければ本書の出版はなかっただろうと思っております。さらに精進努力せよというみなさんのお言葉だと受けとめ、本書の刊行を新たな第一歩とする所存です。

二〇一九年三月二〇日

代珂

代珂（だい・か）

1985年中国安徽省生まれ。首都大学東京大学院人文科学研究科博士後期課程修了（文学博士）。現在、同大学人文社会学部中国文化論教室助教。専攻は中国文学、メディア文化研究。著書に『偽満洲国文学研究在日本』（共編著 中国：北方文芸出版社 2017）他がある。

満洲国のラジオ放送

2020 年 1 月 30 日　初版第 1 刷発行
2021 年 4 月 15 日　初版第 2 刷発行

著　者　代　　珂
発行者　森下紀夫
発行所　論 創 社
東京都千代田区神田神保町 2-23　北井ビル（〒 101-0051）
tel. 03（3264）5254　fax. 03（3264）5232　web. http://www.ronso.co.jp/
振替口座 00160－1－155266

装幀／宗利淳一
印刷・製本／中央精版印刷　組版／株式会社ダーツフィールド

ISBN978-4-8460-1823-8